安徽基层水利技术人才队伍培训工程
安徽乡镇水利员培训专用配套教材

水利工程概预算

主　编　何　俊　刘军号　张海娥
副主编　艾思平　常小会
主　审　李兴旺　王　强

黄河水利出版社
·郑州·

内 容 提 要

本书是针对基层乡镇水利员学习农村水利业务知识和实用技术而编写的培训教材。本书从我国水利水电工程建设与管理的实际出发，以水利水电工程预算编制的全过程为主线，系统地介绍了水利工程项目划分及费用构成、基础单价编制、工程单价分析、施工临时工程及独立费用、投资估算、施工图预算和施工预算等。全书内容简明、实用，可操作性强。

本书为基层水利职工队伍建设的培训教材，可供水利水电工程技术人员和大专院校相关师生参考，也可供从事水利水电工程规划、设计、施工、监理等相关工作的工程技术人员阅读参考。

图书在版编目(CIP) 数据

水利工程概预算/何俊,刘军号,张海娥主编. —郑州：
黄河水利出版社,2014.3
ISBN 978 - 7 - 5509 - 0746 - 1

Ⅰ.①水…　Ⅱ.①何…　②刘…　③张…　Ⅲ.①水利工程 - 概算编制 - 教材　②水利工程 - 预算编制 - 教材
Ⅳ.①TV512

中国版本图书馆 CIP 数据核字(2014) 第 047036 号

组稿编辑:王路平　电话:0371 - 66022212　E-mail:hhslwlp@ 126. com
　　　　　简　群　　　　　　66026749　　　　　W_jq001@ 163. com

出 版 社:黄河水利出版社
　　　　地址:河南省郑州市顺河路黄委会综合楼 14 层　　　邮政编码:450003
发行单位:黄河水利出版社
　　　　发行部电话:0371 - 66026940、66020550、66028024、66022620(传真)
　　　　E-mail:hhslcbs@ 126. com
承印单位:黄河水利委员会印刷厂
开本:787 mm × 1 092 mm　1/16
印张:9.25
字数:210 千字　　　　　　　　　　　　印数:1—3 600
版次:2014 年 3 月第 1 版　　　　　　　印次:2014 年 3 月第 1 次印刷

定价:25.00 元

前　言

为深入贯彻落实 2011 年中央和安徽省委两个一号文件及中央、全省水利工作会议精神，着力提高乡镇水利员水利专业技术水平，全面提升基层水利服务能力，安徽省对全省所有乡镇水利员进行了农村水利业务知识和实用技术的培训。

随着社会主义市场经济体制的逐步完善，我国的基本建设造价管理体制已经发生了很大的变化。工程造价构成渐趋合理，全面推行招标投标制，将竞争引入工程造价管理，这对合理确定和有效控制工程造价、提高投资效益起到了积极的作用。

本书根据水利部 2002 年颁发的《水利建筑工程设计概（估）算编制规定》、《水利建筑工程预算定额》、《水利水电设备安装工程预算定额》、《水利工程施工机械台时费定额》等，并结合水利水电工程建设的实践，简明扼要地介绍了水利水电工程预算的基本内容。

全书按讲座形式编写，共分 5 章，其中第 1 章介绍了水利工程项目划分及费用构成，第 2 章介绍了基础单价编制，第 3 章介绍了工程单价分析，第 4 章介绍了施工临时工程及独立费用，第 5 章介绍了投资估算、施工图预算和施工预算。

本书由安徽水利水电职业技术学院承担编写工作。

本书由何俊、刘军号、张海娥担任主编，何俊负责全书统稿；由艾思平、常小会担任副主编。

本书由安徽水利水电职业技术学院李兴旺院长和安徽水利职工干部学校王强副校长担任主审。主审对书稿进行了认真细致的审查，从编写大纲到成稿都提出了许多建设性的修改意见。

本书在编写过程中，参考和引用了一些相关专业书籍的论述，在此向有关文献的作者致以衷心的感谢！

由于编写时间仓促，加上编者水平有限，本书不足之处在所难免，恳请读者批评指正。

编　者
2013 年 12 月

目　录

第1章 水利工程项目划分及费用构成

本章的教学重点及教学要求：

教学重点：
(1)枢纽工程、引水工程及河道工程项目划分；
(2)基本预备费、价差预备费计算方法；
(3)建设期融资利息计算方法。

教学要求：
(1)掌握不同的基本建设程序阶段的工程造价文件；
(2)掌握枢纽工程、引水工程及河道工程项目划分；
(3)掌握水利工程建设项目费用构成；
(4)掌握基本预备费、价差预备费、建设期融资利息的计算方法。

基本建设程序是基本建设全过程中各项工作的先后顺序和工作内容及要求。水利工程的建设也应该按基本建设程序办事。在不同的基本建设程序阶段，要求不同的工程造价文件。要编制工程造价文件，首先要了解工程项目的划分及工程费用的构成。

1.1 工程造价文件的类型

水利基本建设程序一般分为项目建议书、可行性研究、初步设计、施工准备、建设实施、生产准备、竣工验收、后评价等阶段。在基本建设程序的不同阶段，由于工作的深度不同、要求不同，基本建设程序各阶段要求分别编制相应的造价文件。造价文件的类型有以下几种。

1.1.1 投资估算

投资估算是指在项目建议书阶段、可行性研究阶段对建设工程造价的预测，应充分考虑各种可能的需要、风险、价格上涨等因素，要打足投资，不留缺口，适当留有余地。投资估算是可行性研究报告的重要组成部分，是项目投资决策和进行初步设计的重要依据；是项目主管部门审批项目建议书的依据之一，并对项目的规划、规模起参考作用；是项目资金筹措及制订建设贷款计划的依据；是核算建设项目固定资产投资需要额和编制固定资产投资计划的重要依据；是工程投资的最高限额，对工程设计概算起控制作用。

1.1.2 设计概算

设计概算是在初步设计阶段，设计单位确定的拟建基本建设项目从筹建到竣工验收过程中发生的全部费用或投资额。设计概算是初步设计报告的重要组成部分,是编制基本建设计划,实行基本建设投资大包干,控制基本建设拨款和贷款的依据;也是考核设计方案和建设成本是否经济合理的依据。设计单位在报批初步设计报告的同时,要报批设计概算。设计概算应按编制年的国家政策及价格水平进行编制。如工程未能按计划开工在两年以上,工程建设在中期或末期由于国家政策性调整、物价涨幅过大、不可抗拒自然灾害、设计有重大变化等原因造成工程总投资无法控制,应对原概算进行重新编制,或调整概算,或修改概算。重编概算、调整概算、修改概算均按基本建设程序报审批单位审批。调整概算仅仅是在价格水平和有关政策方面的调整,工程规模及工程量与初步设计均保持不变。

设计概算经过审批后,就成为国家控制该建设项目总投资的主要依据,不得任意突破。水利工程采用设计概算作为编制施工招标标底、利用外资概算和执行概算的依据。

1.1.3　业主预算

业主预算是在已经批准的初步设计概算基础上,对已经确定实行投资包干或招标承包制的大中型水利工程建设项目,根据工程管理与投资的支配权限,按照管理单位及分标项目的划分,进行投资的切块分配,以便于对工程投资进行管理与控制,并作为项目投资主管部门与建设单位签订工程总承包(或投资包干)合同的主要依据。它是为了满足业主控制和管理的需要,按照总量控制、合理调整的原则编制的内部预算。业主预算也称为执行概算。一般情况下,业主预算的价格水平与设计概算的人、材、机等基础价格水平保持一致,以便与设计概算进行对比。

1.1.4　标底与报价

招标标底是建筑产品价格的表现形式之一,是业主对招标工程所需费用的预测和控制,是招标工程的期望价格,也是发包方定的价格底线。它由招标单位自行编制或委托具有编制标底资格和能力的代理机构编制,是业主筹集建设资金的依据,也是业主及其上级主管部门核实建设规模的依据。标底的主要作用是招标单位在一定浮动范围内合理控制工程造价,明确自己在发包工程上应承担的财务义务。

投标报价即报价,是施工企业(或厂家)对建筑工程施工产品(或机电、金属结构设备)的自主定价。它反映的是市场价格,体现了企业的经营管理、技术和装备水平。中标的报价是基本建设产品的成交价格。

1.1.5　施工图预算

施工图预算是由设计单位在施工图设计完成后,根据施工图设计图纸、现行预算定额、费用定额以及地区设备、材料、人工、施工机械台班等预算价格编制和确定的建筑安装工程造价的文件。它应在已批准的设计概算控制下进行编制。它是施工前组织物资、机具、劳动力,编制施工计划,统计完成工作量,办理工程价款结算,实行经济核算,考核工程成本,实行建筑工程包干和建设银行拨(贷)工程款的依据。它是施工图设计的组成部分,由设计单位负责编制。它的主要作用是确定单位工程项目造价,是考核施工图设计经济合理性的依据。一般建筑工程以施工图预算作为编制施工招标标底的依据。

1.1.6 施工预算

施工预算是指在施工阶段,施工单位为了加强企业内部经济核算,节约人工和材料,合理使用机械,在施工图预算的控制下,通过工料分析,计算拟建工程工、料和机具等需要量,并直接用于生产的技术经济文件。它是根据施工图的工程量、施工组织设计或施工方案和施工定额等资料进行编制的。

1.1.7 竣工结算

工程竣工结算是指施工单位按照合同规定的内容全部完成所承包的工程,经验收质量合格,并符合合同要求之后,向发包单位进行的最终工程款结算(施工过程中的结算属于中间结算)。竣工结算是一种动态的计算,是按照工程实际发生的量与定额来计算的。经审查的工程竣工结算是核定建设工程造价的依据,更是建设项目竣工验收后编制竣工决算和核定新增固定资产价值的依据,是建筑企业评价该工程经济效益的重要依据。

1.1.8 竣工决算

竣工决算是指建设项目全部完工后,在工程竣工验收阶段,由建设单位编制的从项目筹建到建成投产全部费用的技术经济文件,它是正确核定新增固定资产的价值,考核计划和概预算的执行情况,分析投资效益的文件。竣工决算是竣工验收报告的重要组成部分;是建设投资管理的重要环节,是工程竣工验收、交付使用的重要依据;也是进行建设项目财务总结,银行对其实行监督的必要手段。

竣工结算与竣工决算是完全不同的两个概念,其主要区别在于:一是范围不同,竣工结算的范围只是承建工程项目,是基本建设的局部,而竣工决算的范围是基本建设的整体;二是成本不同,竣工结算只是承包合同范围内的预算成本,而竣工决算是完整的预算成本,它还要计入工程建设的其他费用、临时费用、建设期融资利息等工程成本和费用。由此可见,竣工结算是竣工决算的基础,只有先办竣工结算,才有条件编制竣工决算。

基本建设程序与工程造价之间的关系如图1-1所示。

水利基本建设程序中设计概算、施工图预算和竣工决算,通常简称为基本建设的"三算",是建设项目概预算的重要内容,三者有机联系,缺一不可。设计要编制概算,施工要编制预算,竣工要编制决算。一般情况下,决算不能超过预算,预算不能超过概算,概算不能超过估算。此外,竣工结算、施工图预算和施工预算通常被称为施工企业内部所谓的"三算",它是施工企业内部进行管理的依据。

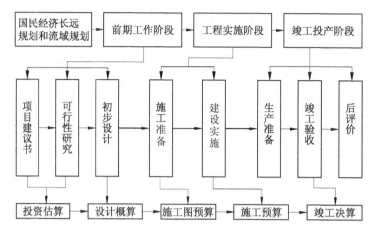

图 1-1 基本建设程序与工程造价之间的关系

1.2 工程造价项目划分

1.2.1 工程项目划分

水利工程的项目划分执行水利部水总〔2002〕116号文规定,其分类如下。

1.2.1.1 按工程性质和功能划分为两大类

1. 枢纽工程

枢纽工程是指水利枢纽建筑物(含引水工程中的水源工程)和其他大型独立建筑物。包括水库、水电站、其他大型独立的建筑物。一般为多目标开发的项目,建筑物种类比较多,布置相对集中,施工条件较复杂。

2. 引水工程及河道工程

包括城镇供水、灌溉、河湖整治、堤防修建与加固工程。建筑物种类相对较少,一般呈线形布置,施工条件相对简单。

以上两大类工程由于性质不同,在编制概(估)算时,应按水利部现行规定,人工预算单价和有关计费标准有所区别。

1.2.1.2 按水利工程特点划分为两大类

水利工程概(估)算由工程部分、移民和环境两部分构成。

1. 工程部分

划分为五部分:

第一部分建筑工程。

第二部分机电设备及安装工程。

第三部分金属结构设备及安装工程。

第四部分施工临时工程。

第五部分独立费用。

第一至三部分属永久工程，竣工投入运行后承担设计所确定的功能并发挥效益，构成固定资产的一部分。凡永久与临时工程结合的项目列入相应永久工程项目内。

第四部分施工临时工程是指在工程筹备和建设阶段，为辅助永久建筑和安装工程正常施工而修建的临时工程或采取的临时措施。

第五部分独立费用是指在工程总投资中支出但又不宜列入建筑工程费、安装工程费、设备费而需要独立列项的费用。

以上第四、五部分的工程和费用，以适当的比例摊入各永久工程中，构成固定资产的一部分。

2. 移民和环境部分

划分为三部分：

第一部分水库移民征地补偿。包括农村移民安置费、集镇迁建费、城镇迁建费、工业企业迁建费、专业项目恢复改建费、防护工程费、库底清理费和其他费用八项。

第二部分水土保持工程。包括工程措施、植物措施、设备及安装工程、水土保持临时工程和独立费用五项。

第三部分环境保护工程。包括环境保护设施、环境监测设施、设备及安装工程、环境保护临时设施和独立费用五项。

1.2.1.3 工程部分下设一级、二级、三级项目

1. 一级项目：具有独立功能的单项工程

1）第一部分建筑工程

（1）枢纽工程：下设的一级项目一般包括挡水工程、泄洪工程、引水工程、发电厂工程、升压变电站工程、航运工程、鱼道工程、交通工程、房屋建筑工程和其他建筑工程。其中，挡水工程等前七项称为主体建筑工程。

①挡水工程。包括挡水的各类坝（闸）工程。

②泄洪工程。包括溢洪道、泄洪洞、冲砂洞（孔）、放空洞等工程。

③引水工程。包括引水明渠、进（取）水口、引水隧洞、调压井、高压管道等工程。

④发电厂工程。包括地面、地下厂房等工程。

⑤升压变电站工程。包括变电站、开关站等工程。

⑥航运工程。包括上下游引航道、船闸（升船机）等工程。

⑦鱼道工程。根据枢纽建筑物布置情况，可独立列项，与拦河坝相结合的，也可作为拦河坝工程的组成部分。

⑧交通工程。包括上坝、进厂、对外等场内外永久公路、铁路、桥梁、码头等交通工程。

⑨房屋建筑工程。包括为生产运行服务的永久性辅助生产厂房、仓库、办公室、生活及文化福利等房屋建筑和室外工程。

⑩其他建筑工程。包括内外部观测工程，动力线路（厂坝区），照明线路，通信线路，厂坝区及生活区供水、供热、排水等公用设施工程，厂坝区环境建设工程，水情自动测报系统工程及其他。

（2）引水工程及河道工程：指供水、灌溉、河湖整治、堤防修建与加固工程。包括渠（管）道工程（堤防工程、疏浚工程），建筑物工程，交通工程，房屋建筑工程，供电设施工程和其他建筑工程。

①渠（管）道工程（堤防工程、疏浚工程）。包括渠（管）道工程、清淤疏浚工程、堤防修建与加固工程等。

②建筑物工程。包括泵站、水闸、隧洞、渡槽、倒虹吸、小水电站、调蓄水库、其他建筑物等工程。

③交通工程。指永久性公路、铁路、桥梁、码头等工程。

④房屋建筑工程。包括为生产运行服务的永久性辅助生产厂房、仓库、办公室、生活及文化福利等房屋建筑和室外工程。

⑤供电设施工程。指为工程生产运行供电需要架设的输电线路及变配电设施工程。

⑥其他建筑工程。包括内外部观测工程，照明线路，通信线路，厂坝（闸、泵站）区及生活区供水、供热、排水等公用设施工程，工程沿线或建筑物周围环境建设工程，水情自动测报系统工程及其他。

2）第二部分机电设备及安装工程

（1）枢纽工程：指构成枢纽工程固定资产的全部机电设备及安装工程。本部分由发电设备及安装工程、升压变电设备及安装工程和公用设备及安装工程三项组成。

①发电设备及安装工程。包括水轮机、发电机、主阀、起重机、水力机械辅助设备、电气设备等设备及安装工程。

②升压变电设备及安装工程。包括主变压器、高压电气设备、一次拉线等设备及安装工程。

③公用设备及安装工程。包括通信设备，通风采暖设备，机修设备，计算机监控系统，管理自动化系统，全厂接地及保护网，电梯，坝区馈电设备，厂坝区及生活区供水、排水、供热设备，水文、泥沙监测设备，水情自动测报系统设备，外部观测设备，消防设备，交通设备等设备及安装工程。

（2）引水工程及河道工程：指构成该工程固定资产的全部机电设备及安装工程。本部分一般由泵站设备及安装工程、小水电站设备及安装工程、供变电工程和公用设备及安装工程四项组成。

①泵站设备及安装工程。包括水泵、电动机、主阀、起重设备、水力机械辅助设备、电气设备等设备及安装工程。

②小水电站设备及安装工程。其组成内容可参照枢纽工程的发电设备及安装工程和升压变电设备及安装工程。

③供变电工程。包括供电、变配电设备及安装工程。

④公用设备及安装工程。包括通信设备，通风采暖设备，机修设备，计算机监控系统，管理自动化系统，全厂接地及保护网，坝（闸、泵站）区馈电设备，厂坝（闸、泵站）区供水、排水、供热设备，水文、泥沙监测设备，水情自动测报系统设备，外部观测设备，消防设备，

交通设备等设备及安装工程。

3）第三部分金属结构设备及安装工程

金属结构设备及安装工程是指构成枢纽工程和其他水利工程固定资产的全部金属结构设备及安装工程。包括闸门、启闭机、拦污栅、升船机等设备及安装工程,压力钢管制作及安装工程和其他金属结构设备及安装工程。

金属结构设备及安装工程项目要与建筑工程项目相对应。

4）第四部分施工临时工程

施工临时工程是指为辅助主体工程施工所必须修建的生产和生活用临时性工程。该部分组成内容如下:

（1）导流工程。包括导流明渠、导流洞、施工围堰、蓄水期下游断流补偿设施、金属结构设备及安装工程等。

（2）施工交通工程。包括施工现场内外为工程建设服务的临时交通工程,如公路、铁路、桥梁、施工支洞、码头、转运站等。

（3）施工供电工程。包括从现有电网向施工现场供电的高压输电线路(枢纽工程:35 kV及以上等级;引水工程及河道工程:10 kV及以上等级)和施工变配电设施(场内除外)工程。

（4）房屋建筑工程。指工程在建设过程中建造的临时房屋,包括施工仓库、办公及生活、文化福利建筑和所需的配套设施工程。

（5）其他施工临时工程。指除施工导流、施工交通、施工场外供电、施工房屋建筑、缆机平台外的施工临时工程。主要包括施工供水(大型泵房及干管)、砂石料系统、混凝土拌和浇筑系统、大型机械安装拆卸、防汛、防冰、施工排水、施工通信、施工临时支护设施(含隧洞临时钢支撑)等工程。

5）第五部分独立费用

独立费用由建设管理费、生产准备费、科研勘测设计费、建设及施工场地征用费和其他五项组成。

（1）建设管理费。包括项目建设管理费、工程建设监理费和联合试运转费。

（2）生产准备费。包括生产及管理单位提前进厂费、生产职工培训费、管理用具购置费、备品备件购置费、工器具及生产家具购置费。

（3）科研勘测设计费。包括工程科学研究试验费和工程勘测设计费。

（4）建设及施工场地征用费。包括永久和临时征地所发生的费用。

（5）其他。包括定额编制管理费、工程质量监督费、工程保险费和其他税费。

2.二级项目:具有独立施工条件的单位工程

如枢纽工程一级项目中的挡水工程,其二级项目划分为混凝土坝(闸)、土石坝等工程。引水工程及河道工程一级项目中的建筑物工程,其二级项目划分为泵站(扬水站、排灌站)、水闸、隧洞、渡槽、倒虹吸、小水电站、调蓄水库、其他建筑物等工程。

3.三级项目:相当于分部分项工程

二级项目中的三级项目为土方开挖、石方开挖、混凝土、模板、防渗墙、钢筋制作与安装、混凝土温控措施、细部结构工程等。

编制概(估)算时,二、三级项目应按照工程实际情况设项。

1.2.2　项目划分的注意事项

(1)现行的项目划分适用于估算、概算、施工图预算。对于招标文件和业主预算,要根据工程分标及合同管理的需要来调整项目划分。

(2)在《水利工程设计概(估)算编制规定》中,工程各部分下设的二、三级项目,仅列出了代表性子目。编制概(估)算时,二、三级项目可根据水利工程初步设计编制规程的工作深度要求和工作情况增减或再划分,如对以下三级项目,宜作必要的再划分:

①土方开挖工程,应将土方开挖与砂砾石开挖分列;

②石方开挖工程,应将明挖与暗挖,平洞与斜井、竖井分列;

③土石方回填工程,应将土方回填与石方回填分列;

④混凝土工程,应将不同工程部位、不同等级的混凝土分列;

⑤模板工程,应将不同规格形状和材质的模板分列;

⑥砌石工程,应将干砌石、浆砌石、抛石、铅丝(钢筋)笼块石等分列;

⑦钻孔工程,应按使用不同钻孔机械及钻孔的不同用途分列;

⑧灌浆工程,应按不同灌浆种类分列;

⑨机电、金属结构设备及安装工程,应根据设计提供的设备清单,按分项要求在三级项目中逐一列出。

(3)建筑安装工程三级项目的设置除深度应满足《水利工程设计概(估)算编制规定》的要求外,还必须与采用的定额相适应。

(4)对有关部门提供的工程量和预算资料,应按项目划分和费用构成正确处理。如施工临时工程,按其规模、性质,有的应在第四部分施工临时工程一至四项中单独列项,有的包括在"其他施工临时工程"中,不单独列项,还有的包括在各个建筑安装工程直接工程费中的现场经费内。总之,要符合项目划分和费用构成的规定并避免遗漏或重复。

(5)注意设计单位的习惯与概算项目划分的差异。如施工导流用的闸门及启闭设备大多由金属结构设计人员提供,但应列在第四部分施工临时工程内,而不是第三部分金属结构设备及安装工程内。

1.3　费用构成

建设项目费用是指工程项目从筹建到竣工验收、交付使用所需要的费用总和。水利建设项目费用包括工程部分、移民和环境部分两部分费用。移民和环境部分的费用包括水库移民征地补偿费、水土保持工程费、环境保护工程费;工程部分的费用由工程费(包括建筑及安装工程费和设备费)、独立费用、预备费、建设期融资利息组成。

水利工程建设项目费用构成(工程部分)如图 1-2 所示。

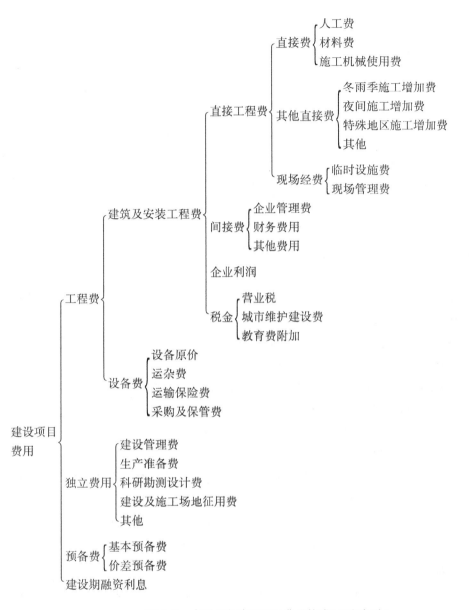

图 1-2　水利工程建设项目费用构成（工程部分）

1.3.1　工程费

工程费由建筑及安装工程费和设备费构成。

1.3.1.1　建筑及安装工程费

建筑及安装工程费由直接工程费、间接费、企业利润、税金四项组成。

1. 直接工程费

直接工程费是指建筑及安装工程施工过程中直接消耗在工程项目上的活劳动和物化劳动。由直接费、其他直接费、现场经费组成。

1）直接费

直接费包括人工费、材料费、施工机械使用费。

（1）人工费。

人工费是指列入概预算定额的直接从事建筑及安装工程施工的生产工人开支的各项费用，内容包括基本工资、辅助工资和工资附加费。

①基本工资：由岗位工资、年功工资以及年应工作天数内非作业天数的工资组成。

②辅助工资：指在基本工资之外，以其他形式支付给职工的工资性收入，主要是根据国家有关规定属于工资性质的各种津贴，包括地区津贴、施工津贴、夜餐津贴、节日加班津贴等。

③工资附加费：指按照国家规定提取的职工福利基金、工会经费、养老保险费、医疗保险费、工伤保险费、职工失业保险基金和住房公积金。

（2）材料费。

材料费是指用于建筑及安装工程项目上的消耗性材料费、装置性材料费和周转性材料摊销费。包括定额工作内容规定应计入的未计价材料和计价材料费用。

材料预算价格一般包括材料原价、包装费、运杂费、运输保险费和采购及保管费五项。

①材料原价：指材料指定交货地点的价格。

②包装费：指材料在运输和保管过程中的包装费和包装材料的折旧摊销费。

③运杂费：指材料从指定交货地点至工地分仓库或相当于工地分仓库（材料堆放场）所发生的全部费用。包括运输费、装卸费、调车费及其他杂费。

④运输保险费：指材料在运输途中的保险费。

⑤采购及保管费：指材料在采购、供应和保管过程中所发生的各项费用。主要包括材料的采购、供应和保管部门工作人员的基本工资、辅助工资、工资附加费、教育经费、办公费、差旅交通费及工具用具使用费，仓库、转运站等设施的检修费、固定资产折旧费、技术安全措施费和材料检验费，材料在运输、保管过程中发生的损耗等。

（3）施工机械使用费。

施工机械使用费指消耗在建筑及安装工程项目上的机械磨损、维修和动力燃料费用等。包括折旧费、修理及替换设备费、安装拆卸费、机上人工费和动力燃料费等。

①折旧费：指施工机械在规定使用年限内回收原值的台时折旧摊销费用。

②修理及替换设备费：

修理费：指施工机械在使用过程中，为了使机械保持正常功能而进行修理所需的摊销费用和机械正常运转及日常保养所需的润滑油料、擦拭用品的费用，以及保管机械所需的费用。

替换设备费：指施工机械正常运转时所耗用的替换设备及随机使用的工具附具等摊销费用。

③安装拆卸费：指施工机械进出工地的安装、拆卸、试运转和场内转移及辅助设施的

摊销费用。部分大型施工机械的安装拆卸费不在其施工机械使用费中计列,包含在其他临时工程中。

④机上人工费:指施工机械使用时机上操作人员人工费用。

⑤动力燃料费:指施工机械正常运转时所耗用的风、水、电、油和煤等费用。

2)其他直接费

其他直接费指直接费以外的在施工过程中直接发生的其他费用。包括冬雨季施工增加费、夜间施工增加费、特殊地区施工增加费和其他。

(1)冬雨季施工增加费。

冬雨季施工增加费是指在冬雨季施工期间为保证工程质量和安全生产所需增加的费用。包括增加施工工序,增设防雨、保温、排水等设施增耗的动力、燃料、材料以及因人工、机械效率降低而增加的费用。

(2)夜间施工增加费。

夜间施工增加费是指施工场地和公用施工道路的照明费用。

一班制作业的工程,不计算此项费用。地下工程照明费已列入定额内;照明线路工程费用包括在"临时设施费"中;施工辅助企业系统、加工厂、车间的照明,列入相应的产品成本中,均不包括在本项费用之内。

(3)特殊地区施工增加费。

特殊地区施工增加费是指在高海拔和原始森林等特殊地区施工而增加的费用。其中高海拔地区的高程增加费,按规定直接进入定额;其他特殊增加费(如酷热、风沙),应按工程所在地区规定的标准计算,地方没有规定的,不得计算此项费用。

(4)其他。

包括施工工具用具使用费、检验试验费、工程定位复测、工程点交、竣工场地清理、工程项目及设备仪表移交生产前的维护观察费等。其中,施工工具用具使用费是指施工生产所需,但不属于固定资产的生产工具、检验试验用具等的购置、摊销和维护费。检验试验费是指对建筑材料、构件和建筑安装物进行一般鉴定、检查所发生的费用,包括自设试验室进行试验所耗用的材料和化学药品费用,以及技术革新和研究试验费,不包括新结构、新材料的试验费和建设单位要求对具有出厂合格证明的材料进行试验、对构件进行破坏性试验,以及其他特殊要求检验试验的费用。

3)现场经费

现场经费包括临时设施费和现场管理费。

(1)临时设施费。

临时设施费是指施工企业为进行建筑及安装工程施工所必需的但又未被划入施工临时工程的临时建筑物、构筑物和各种临时设施的建设、维修、拆除、摊销等费用。如供风、供水(支线)、供电(场内)、夜间照明、供热系统及通信支线,土石料场,简易砂石料加工系统,小型混凝土拌和浇筑系统,木工、钢筋、机修等辅助加工厂,混凝土预制构件厂,施工排水,场地平整、道路养护及其他小型临时设施。

（2）现场管理费。

①现场管理人员的基本工资、辅助工资、工资附加费和劳动保护费。

②办公费：是指现场办公用具、印刷、邮电、书报、会议、水、电、烧水和集体取暖（包括现场临时宿舍取暖）用燃料等费用。

③差旅交通费：是指现场职工因公出差期间的差旅费、误餐补助费，职工探亲路费，劳动力招募费，职工离退休、退职一次性路费，工伤人员就医路费，工地转移费以及现场职工使用的交通工具、运行费、养路费及牌照费。

④固定资产使用费：是指现场管理使用的属于固定资产的设备、仪器等的折旧、大修理、维修费或租赁费等。

⑤工具用具使用费：是指现场管理使用的不属于固定资产的工具、器具、家具、交通工具和检验、试验、测绘、消防用具等的购置、维修和摊销费。

⑥保险费：是指施工管理用财产、车辆保险，高空、井下、洞内、水下、水上作业等特殊工种安全保险等。

⑦其他费用。如工程竣工交付使用后，在规定保修期以内的修理费（工程保修费）等。

2. 间接费

间接费是指施工企业为建筑及安装工程施工而进行组织与管理所发生的各项费用，是构成建筑产品成本，但又不直接消耗在工程项目上的有关费用。

间接费由企业管理费、财务费用和其他费用组成。

1）企业管理费

企业管理费是指施工企业为组织施工生产经营活动所发生的管理费用。包括以下内容：

（1）管理人员的基本工资、辅助工资、工资附加费和劳动保护费。

（2）差旅交通费：是指企业职工因公出差、工作调动的差旅费、误餐补助费，职工探亲路费，劳动力招募费，离退休职工一次性路费及交通工具油料、燃料、牌照、养路费等。

（3）办公费：是指企业办公用文具、纸张、账表、印刷、邮电、书报、会议、水、电、燃煤（气）等费用。

（4）固定资产折旧、修理费：是指企业属于固定资产的房屋、设备、仪器折旧及维修等费用。

（5）工具用具使用费：是指企业管理使用不属于固定资产的工具、用具、家具、交通工具、检验、试验、消防等的摊销及维修费用。

（6）职工教育经费：是指企业为职工学习先进技术和提高文化水平按职工工资总额计提的费用。

（7）劳动保护费：是指企业按照国家有关部门规定标准发给职工的劳动保护用品的购置费、修理费、保健费、降温防暑费、高空作业及进洞津贴、技术安全措施以及洗澡用水、饮用水的燃料费等。

(8)保险费:是指企业财产保险、管理用车辆等保险费用。

(9)税金:是指企业按规定缴纳的房产税、管理用车辆使用税、印花税等。

(10)其他:包括技术转让费、设计收费标准中未包括的应由施工企业承担的部分施工辅助工程设计费、投标报价费、工程图纸资料费及工程摄影费、技术开发费、业务招待费、绿化费、公证费、法律顾问费、审计费、咨询费等。

2)财务费用

指企业为筹集资金而发生的各项费用,包括企业经营期间发生的短期融资利息净支出、汇兑净损失、金融机构手续费、企业筹集资金发生的其他财务费用,以及投标和承包工程发生的保函手续费等。

3)其他费用

指企业定额测定费及施工企业进退场补贴费。

3. 企业利润

企业利润是指按规定应计入建筑安装工程费中的利润。

4. 税金

税金是指国家对施工企业承担建筑安装工程作业收入所征收的营业税、城市维护建设税和教育费附加。

1.3.1.2 设备费

设备及安装工程的投资,设备费占80%左右,是影响工程造价的主要因素。设备费包括设备原价、运杂费、运输保险费和采购及保管费。

1. 设备原价

(1)国产设备,以出厂价为原价,非定型和非标准产品(如闸门、拦污栅、压力钢管等)采用与厂家签订的合同价或询价。

(2)进口设备,以到岸价和进口征收的税金、手续费、商检费及港口费等各项费用之和为原价。到岸价采用与厂家签订的合同价或询价计算,税金和手续费等按规定计算。

(3)大型机组拆卸分装运至工地后的拼装费用,应包括在设备原价内。

(4)可行性研究和初步设计阶段,非定型和非标准产品,一般不可能与厂家签订价格合同,设计单位可按向厂家索取的报价资料和当年的价格水平,经认真分析论证后,确定设备价格。

2. 运杂费

运杂费是指设备由厂家运至工地安装现场所发生的一切运杂费用。主要包括运输费、调车费、装卸费、包装绑扎费、大型变压器充氮费以及其他可能发生的杂费。设备运杂费分主要设备运杂费和其他设备运杂费,均按占设备原价的百分率计算,即:

$$运杂费 = 设备原价 \times 运杂费率 \tag{1-1}$$

1)主要设备运杂费率

设备由铁路直达或铁路、公路联运时,分别按里程求得费率后叠加计算;如果设备由公路直达,应按公路里程计算费率后,再加公路直达基本费率。

主要设备运杂费率标准见表1-1。

表 1-1 主要设备运杂费率标准 （%）

设备分类		铁路		公路		公路直达基本费率
		基本运距 1 000 km	每增运 500 km	基本运距 50 km	每增运 10 km	
水轮发电机组		2.21	0.40	1.06	0.10	1.01
主阀、桥机		2.99	0.70	0.85	0.18	1.33
主变压器容量	≥120 000 kVA	3.50	0.56	2.80	0.25	1.20
	<20 000 kVA	2.97	0.56	0.92	0.10	1.20

2）其他设备运杂费率

其他设备运杂费率标准见表 1-2。

工程地点距铁路线近者费率取小值，远者取大值。新疆、西藏两自治区的费率在表 1-2 中未包括，可视具体情况另行确定。

表 1-2 其他设备运杂费率标准 （%）

类别	适用地区	费率
Ⅰ	北京、天津、上海、江苏、浙江、江西、安徽、湖北、湖南、河南、广东、山西、山东、河北、陕西、辽宁、吉林、黑龙江等省（直辖市）	4 ~ 6
Ⅱ	甘肃、云南、贵州、广西、四川、重庆、福建、海南、宁夏、内蒙古、青海等省（自治区、直辖市）	6 ~ 8

以上运杂费适用于国产设备运杂费，在编制概预算时，可根据设备来源地、运输方式、运输距离等逐项进行分析计算。

3）进口设备国内段运杂费率

国产设备运杂费率乘以相应国产设备原价占进口设备原价的比例系数，即为进口设备国内段运杂费率。

3. 运输保险费

运输保险费是指设备在运输过程中的保险费用。国产设备的运输保险费可按工程所在省、自治区、直辖市的规定计算。进口设备的运输保险费按有关规定计算。一般可取 0.1% ~ 0.4%。

$$运输保险费 = 设备原价 \times 运输保险费率 \qquad (1-2)$$

4. 采购及保管费

采购及保管费是指建设单位和施工企业在负责设备的采购、保管过程中发生的各项费用。主要包括：

（1）采购保管部门工作人员的基本工资、辅助工资、工资附加费、劳动保护费、教育经费、办公费、差旅交通费、工具用具使用费等。

（2）仓库、转运站等设施的运行费、维修费，固定资产折旧费，技术安全措施费和设备的检验、试验费等。

$$采购及保管费 = （设备原价 + 运杂费）\times 采购及保管费率 \qquad (1-3)$$

按现行规定，采购及保管费率取 0.7%。

所以，设备费计算公式为

$$设备费 = 设备原价 + 运杂费 + 运输保险费 + 采购及保管费 \qquad (1\text{-}4)$$

5. 运杂综合费率

在编制设备安装工程概预算时，一般将设备运杂费、运输保险费和采购及保管费合并，统称为设备运杂综合费，按设备原价乘以运杂综合费率计算。其中：

$$运杂综合费率 = 运杂费率 + (1 + 运杂费率) \times 采购及保管费率 + 运输保险费率$$

$$(1\text{-}5)$$

$$设备费 = 设备原价 \times (1 + K) \qquad (1\text{-}6)$$

其中，K 为运杂综合费率。

6. 交通工具购置费

工程竣工后，为保证建设项目初期生产管理单位正常运行，必须配备生产、生活、消防车辆和船只。

交通工具购置费按水利部水总〔2002〕116 号文《水利工程设计概（估）算编制规定》中所列设备数量和国产设备出厂价格加车船附加费、运杂费计算。

【例 1-1】 某工程中采用的水轮机原价为 400 000 元/台，经火车运输 2 000 km、公路运输 70 km 到达安装现场，运输保险费率为 0.4%，求每台水轮机的设备费。

解：

设备原价 = 400 000 元

运杂费率 = (2.21 + 0.40 × 2 + 1.06 + 0.10 × 2)% = 4.27%

运输保险费率 = 0.4%

采购及保管费率 = 0.7%

运杂综合费率 = 运杂费率 + (1 + 运杂费率) × 采购及保管费率 + 运输保险费率

               = 4.27% + (1 + 4.27%) × 0.7% + 0.4% = 5.4%

设备费 = 400 000 × (1 + 5.4%) = 421 600(元)

1.3.2 独立费用

水利建设工程独立费用是指按照基本建设工程投资统计包括范围的规定，应在投资中支付并列入建设项目概算或单项工程综合概算内，与工程直接有关而又难以直接摊入某个单位工程的其他工程和费用。独立费用由建设管理费、生产准备费、科研勘测设计费、建设及施工场地征用费和其他五个部分组成。

1.3.3 预备费和建设期融资利息

1. 预备费

指在设计阶段难以预料而在建设过程中又可能发生的、规定范围内的工程和费用，以及工程建设期内由于物价变化和费用标准调整而发生的价差。包括基本预备费和价差预备费两项。

1）基本预备费

主要指工程建设过程中初步设计范围以内的设计变动和国家政策性变动增加的投资。可根据工程规模、施工年限和地质条件等不同情况，按工程第一至五部分投资合计

(依据分年度投资表)的百分率计算。初步设计阶段为 5% ~8% 。

2)价差预备费

主要指工程建设过程中,因材料设备价格上涨和费用标准调整而导致投资增加的预留费用。

价差预备费可根据施工年限,以资金流量表的静态总投资为计算基数计算。计算公式为

$$E = \sum_{n=1}^{N} F_n [(1 + P)^n - 1] \tag{1-7}$$

式中　E——价差预备费;

　　　N——合理建设工期;

　　　n——施工年度;

　　　F_n——建设期间资金流量表内第 n 年的投资;

　　　P——年物价指数。

2. 建设期融资利息

建设期融资利息是指根据国家财政金融政策规定,工程在建设期内须偿还并应计入工程总投资的融资利息。

根据合理建设工期,按设计概算第一至五部分分年度资金流量、基本预备费、价差预备费之和,并按融资额的比例和国家规定的贷款利率复利计息。计算公式为

$$S = \sum_{n=1}^{N} \left[\left(\sum_{n=1}^{n} F_m b_m - \frac{1}{2} F_n b_n \right) + \sum_{m=0}^{n-1} S_m \right] i \tag{1-8}$$

式中　S——建设期融资利息;

　　　N——合理建设工期;

　　　n——施工年度;

　　　m——还息年度;

　　　F_n、F_m——建设期间资金流量表内第 n、m 年的投资;

　　　b_n、b_m——各施工年度融资额占当年投资比例;

　　　i——建设期融资利率;

　　　S_m——第 m 年的付息额度。

3. 静态总投资

工程第一至五部分(建筑工程、机电设备及安装工程、金属结构设备及安装工程、施工临时工程和独立费用)投资与基本预备费之和构成静态总投资。

4. 总投资

工程第一至五部分(建筑工程、机电设备及安装工程、金属结构设备及安装工程、施工临时工程和独立费用)投资、基本预备费、价差预备费、建设期融资利息之和构成总投资。

【例 1-2】　西北地区某县自来水厂,第一至四部分合计资金流量、分年完成工作量见表 1-3。已知基本预备费率为 5% ,年物价指数为 6% ,试计算各分年及合计的基本预备费、价差预备费。当建设期融资利率为 8% ,且各施工年度还款均占当年投资比例的 70% 时,试计算各分年及合计的工程静态总投资、建设期融资利息、总投资。

表1-3 分年投资及资金流量 （单位:万元）

序号	项目及费用名称	合计	建设工期			
			1 年	2 年	3 年	4 年
(1)	第一至四部分合计资金流量	58 000.00	8 000.00	15 000.00	30 000.00	5 000.00
(2)	分年完成工作量	58 000.00	5 500.00	16 000.00	33 500.00	3 000.00

解:计算过程见表1-4。

(1)基本预备费按第一至四部分各分年完成工程量的5%计算。即(2)栏×5%,结果填在表1-4(3)栏。

(2)价差预备费按第一至四部分各分年资金流量(含基本预备费)及施工年限、年物价指数6%计算。第一至四部分各分年资金流量(含基本预备费),即(1)栏+(3)栏,为静态总投资(4)栏。根据(4)栏计算价差预备费,结果填在表1-4(5)栏。

(3)建设期融资利息按静态总投资加价差预备费,即(6)栏,并根据施工年限、建设期融资利率等计算,其计算结果填在表1-4(7)栏。

(4)总投资为静态总投资、价差预备费、建设期融资利息之和,其计算结果填在表1-4(8)栏。

表1-4 分年投资及资金流量 （单位:万元）

序号	项目及费用名称	合计	建设工期			
			1 年	2 年	3 年	4 年
(1)	第一至四部分合计资金流量	58 000.00	8 000.00	15 000.00	30 000.00	5 000.00
(2)	分年完成工作量	58 000.00	5 500.00	16 000.00	33 500.00	3 000.00
(3)	基本预备费	2 900.00	275.00	800.00	1 675.00	150.00
(4)	静态总投资	60 900.00	8 275.00	15 800.00	31 675.00	5 150.00
(5)	价差预备费	9 851.57	496.50	1 952.88	6 050.43	1 351.76
(6)	静态总投资＋价差预备费	70 751.57	8 771.50	17 752.88	37 725.43	6 501.76
(7)	建设期融资利息	7 987.17	245.60	1 007.93	2 641.96	4 091.68
(8)	总投资	78 738.74	9 017.10	18 760.81	40 367.39	10 593.44

习　题

1.简述基本建设程序与工程造价之间的关系。

2.如何区别竣工结算与竣工决算?

3.基本建设中"三算"的含义是什么?

4.水利工程是如何进行项目划分的? 其内容如何?

5.水利工程建设项目费用由哪些内容组成?

6.基本预备费和价差预备费的区别是什么?

7.静态总投资和总投资分别由哪些部分组成?

第 2 章　基础单价编制

本章的教学重点及教学要求：

教学重点：

（1）人工预算单价的组成及计算方法；

（2）材料预算价格的组成及计算方法；

（3）施工机械台时费的组成及计算方法。

教学要求：

（1）掌握人工预算单价的组成及计算方法；

（2）掌握材料预算价格的组成及计算方法；

（3）掌握施工机械台时费的组成及计算方法，了解补充机械台时费的编制方法；

（4）掌握施工用电、风预算价格的组成及计算方法，了解施工用水预算价格的组成及计算方法。

在编制水利工程概预算时，需要根据工程项目所在地区的有关规定、工程具体特点、施工技术、材料来源等，编制人工预算单价，材料预算价格，施工用电、水、风预算价格，施工机械台时费，砂石料单价及混凝土、砂浆材料单价，作为编制建筑安装工程单价的基本依据。这些预算价格统称为基础单价。

2.1　人工预算单价

人工预算单价是指生产工人在单位时间（工时）的费用，是在编制概预算中计算各种生产工人人工费时所采用的人工费单价，是计算建筑安装工程单价和施工机械使用费中人工费的基础单价。

2.1.1　人工预算单价的组成

人工预算单价由基本工资、辅助工资、工资附加费组成，划分为工长、高级工、中级工、初级工四个档次。

2.1.1.1　基本工资

包括岗位工资、年功工资以及年应工作天数内非工作天数的工资。其中：

（1）岗位工资指按照职工所在岗位各项劳动要素测评结果确定的工资。

（2）年功工资指按照职工工作年限确定的工资，随工作年限增加而逐年累加。

（3）年应工作天数内非作业天数的工资，包括职工开会学习、培训期间的工资，调动工作、探亲、休假期间的工资，因气候影响的停工工资，女工哺乳期间的工资，病假在 6 个月内的工资以及产、婚、丧假期的工资。

2.1.1.2 辅助工资

指在基本工资以外,以其他形式支付给职工的工资性收入,主要是根据国家有关规定属于工资性质的各种津贴,包括地区津贴、施工津贴、夜餐津贴、节日加班津贴等。

2.1.1.3 工资附加费

指按照国家规定提取的职工福利基金、工会经费、养老保险费、医疗保险费、工伤保险费、职工失业保险基金和住房公积金。

2.1.2 人工预算单价计算

人工预算单价应根据国家有关规定,按工程所在地区的工资区类别、水利施工企业工人工资标准并结合水利工程特点进行计算。执行水利部水总〔2002〕116号文制定的人工预算单价计算办法。

2.1.2.1 人工预算单价计算方法

根据2002年水利部颁布的有关规定,现行人工预算单价包括以下三项内容,以六类工资区为例,各项计算方法如下:

(1)基本工资。

$$基本工资(元/工日) = 基本工资标准(元/月) \times 地区工资系数 \times 12$$
$$\div 年应工作天数 \times 1.068 \qquad (2\text{-}1)$$

(2)辅助工资。

①地区津贴(元/工日) = 津贴标准(元/月) × 12 ÷ 年应工作天数 × 1.068   (2-2)

②施工津贴(元/工日) = 津贴标准(元/天) × 365 × 95% ÷ 年应工作天数 × 1.068 (2-3)

③夜餐津贴(元/工日) = (中班津贴标准 + 夜班津贴标准) ÷ 2 × (20% ~ 30%)
$$\qquad (2\text{-}4)$$

④节日加班津贴(元/工日) = 基本工资(元/工日) × 3 × 10 ÷ 年应工作天数 × 35%
$$\qquad (2\text{-}5)$$

(3)工资附加费。

①职工福利基金(元/工日) = [基本工资(元/工日) + 辅助工资(元/工日)]
$$\times 费率标准(\%) \qquad (2\text{-}6)$$

②工会经费(元/工日) = [基本工资(元/工日) + 辅助工资(元/工日)]
$$\times 费率标准(\%) \qquad (2\text{-}7)$$

③养老保险费(元/工日) = [基本工资(元/工日) + 辅助工资(元/工日)]
$$\times 费率标准(\%) \qquad (2\text{-}8)$$

④医疗保险费(元/工日) = [基本工资(元/工日) + 辅助工资(元/工日)]
$$\times 费率标准(\%) \qquad (2\text{-}9)$$

⑤工伤保险费(元/工日) = [基本工资(元/工日) + 辅助工资(元/工日)]
$$\times 费率标准(\%) \qquad (2\text{-}10)$$

⑥职工失业保险基金(元/工日) = [基本工资(元/工日) + 辅助工资(元/工日)]
$$\times 费率标准(\%) \qquad (2\text{-}11)$$

⑦住房公积金(元/工日) = [基本工资(元/工日) + 辅助工资(元/工日)]

$$\times 费率标准(\%) \tag{2-12}$$

$$人工工日预算单价(元/工日) = 基本工资 + 辅助工资 + 工资附加费 \tag{2-13}$$

$$人工工时预算单价(元/工时) = 人工工日预算单价(元/工日) \div 日工作时间$$

$$(工时/工日) \tag{2-14}$$

注：①1.068 为年应工作天数内年非工作天数的工资系数。

②在计算夜餐津贴时,式中百分数,枢纽工程取 30% ,引水工程及河道工程取 20% 。

2.1.2.2 人工预算单价计算标准

（1）有效工作时间。

年应工作天数:251 工日(减去双休日 104 天、法定节日 10 天后)。

日工作时间:8 工时/工日。

年非工作天数:年非工作天数按 16 天计算。

年有效工作天数:等于年应工作天数减去年非工作天数,为 235 天。

年应工作天数内年非工作天数的工资系数,即 $251 \div 235 = 1.068$ 。

（2）基本工资。

根据国家有关规定和水利部水利企业工资制度改革办法,并结合水利工程特点,分别确定了枢纽工程、引水工程及河道工程六类工资区分级工资标准。

①基本工资标准:见表 2-1。

②地区工资系数:按国家规定,六类以上工资区的地区工资系数见表 2-2。

（3）辅助工资标准:见表 2-3。

（4）工资附加费标准:见表 2-4。

表 2-1　基本工资标准表(六类工资区)

序号	类别	单位	枢纽工程	引水工程及河道工程
1	工长	元/月	550	385
2	高级工	元/月	500	350
3	中级工	元/月	400	280
4	初级工	元/月	270	190

注:按国家规定享受生活费补贴的特殊地区,可按有关规定计算,并计入基本工资。

表 2-2　六类以上工资区的地区工资系数表

工资区类别	地区工资系数
七类工资区	1.026 1
八类工资区	1.052 2
九类工资区	1.078 3
十类工资区	1.104 3
十一类工资区	1.130 4

表 2-3 辅助工资标准表

序号	项 目	枢纽工程	引水工程及河道工程
1	地区津贴	按国家和省、自治区、直辖市的规定	
2	施工津贴	5.3 元/天	3.5 ~ 5.3 元/天
3	夜餐津贴	4.5 元/夜班,3.5 元/中班	

注:初级工的施工津贴标准按表中数值的50%计取。

表 2-4 工资附加费标准表

序号	项 目	费率标准(%)	
		工长、高级工、中级工	初级工
1	职工福利基金	14	7
2	工会经费	2	1
3	养老保险费	按各省、自治区、直辖市规定	按各省、自治区、直辖市规定的50%
4	医疗保险费	4	2
5	工伤保险费	1.5	1.5
6	职工失业保险基金	2	1
7	住房公积金	按各省、自治区、直辖市规定	按各省、自治区、直辖市规定的50%

注:养老保险费率一般取20%以内,住房公积金费率一般取5%左右。

【例2-1】　某城市位于六类工资区,兴建一座水利泵站工程,试计算初级工和工长的人工预算单价。已知:无地区津贴,养老保险费率为20%,住房公积金费率为5%。

解:第一步,计算初级工人工预算单价。

(1)基本工资 = 270 × 12 ÷ 251 × 1.068 = 13.786(元/工日)

(2)辅助工资:

①地区津贴 = 0 元/工日

②施工津贴 = 5.3 × 365 × 95% ÷ 251 × 1.068 × 50% = 3.910(元/工日)

③夜餐津贴 = (3.5 + 4.5) ÷ 2 × 30% = 1.200(元/工日)

④节日加班津贴 = 13.786 × 3 × 10 ÷ 251 × 35% = 0.577(元/工日)

辅助工资 = ① + ② + ③ + ④ = 5.687(元/工日)

(3)工资附加费:

①职工福利基金 = (13.786 + 5.687) × 7% = 1.363(元/工日)

②工会经费 = (13.786 + 5.687) × 1% = 0.195(元/工日)

③养老保险费(13.786 + 5.687) × 20% × 50% = 1.947(元/工日)

④医疗保险费 = (13.786 + 5.687) × 2% = 0.389(元/工日)

⑤工伤保险费 = (13.786 + 5.687) × 1.5% = 0.292(元/工日)

⑥职工失业保险基金 = (13.786 + 5.687) × 1% = 0.195(元/工日)

⑦住房公积金 = (13.786 + 5.678) × 5% × 50% = 0.487(元/工日)

工资附加费 $= ① + ② + ③ + ④ + ⑤ + ⑥ + ⑦ = 4.868$(元/工日)

人工工日预算单价 $= 13.786 + 5.687 + 4.868 = 24.341$(元/工日)

人工工时预算单价 $= 24.341 ÷ 8 = 3.04$(元/工时)

第二步,计算工长人工预算单价,见表2-5。

表2-5　工长人工预算单价计算表

序号	项目	计算式	单价(元/工日)
(1)	基本工资	$550 × 12 ÷ 251 × 1.068$	28.083
(2)	辅助工资	$① + ② + ③ + ④$	10.195
①	地区津贴	0	0
②	施工津贴	$5.3 × 365 × 95\% ÷ 251 × 1.068$	7.820
③	夜餐津贴	$(3.5 + 4.5) ÷ 2 × 30\%$	1.200
④	节日加班津贴	$28.083 × 3 × 10 ÷ 251 × 35\%$	1.175
(3)	工资附加费	$① + ② + ③ + ④ + ⑤ + ⑥ + ⑦$	18.567
①	职工福利基金	$(28.083 + 10.195) × 14\%$	5.359
②	工会经费	$(28.083 + 10.195) × 2\%$	0.766
③	养老保险费	$(28.083 + 10.195) × 20\%$	7.657
④	医疗保险费	$(28.083 + 10.195) × 4\%$	1.531
⑤	工伤保险费	$(28.083 + 10.195) × 1.5\%$	0.574
⑥	职工失业保险基金	$(28.083 + 10.195) × 2\%$	0.766
⑦	住房公积金	$(28.083 + 10.195) × 5\%$	1.914
(4)	人工工日预算单价	$(1) + (2) + (3)$	56.845
(5)	人工工时预算单价	$56.845 ÷ 8$	7.11 元/工时

相应地,按照上述方法可计算出各地区不同工种的人工预算单价。表2-6列举了六类工资区不同工种的人工预算单价(养老保险费率为20%,住房公积金费率为5%,无地区津贴)。

表2-6　六类工资区不同工种的人工预算单价表

工程类别	枢纽工程		引水工程及河道工程	
工长	56.84 元/工日	7.11 元/工时	39.27 元/工日	4.91 元/工时
高级工	52.89 元/工日	6.61 元/工时	36.51 元/工日	4.56 元/工时
中级工	44.99 元/工日	5.62 元/工时	30.98 元/工日	3.87 元/工时
初级工	24.34 元/工日	3.04 元/工时	16.86 元/工日	2.11 元/工时

2.2 材料预算价格

水利工程建设中,所使用的材料包括消耗性材料、构成工程实体的装置性材料和施工中可重复使用的周转性材料,是建筑安装工人加工或施工的劳动对象。材料费是水利工程投资的主要组成部分,在建筑安装工程投资中所占比重一般在30%以上,有的甚至达到60%左右。所以,正确计算材料价格对于提高工程概预算编制质量、合理确定和有效控制工程造价具有重要意义。

材料预算价格指材料由购买地到达工地分仓库或相当于工地分仓库的堆料场地的出库价格。材料预算价格是计算建筑及安装工程单价中材料费的基础单价,在编制过程中,必须进行深入的调查研究,坚持实事求是的原则,按工程所在地编制年的价格水平计算。

2.2.1 材料的分类

水利建筑安装工程中所用到的材料品种繁多,规格各异,在编制材料的预算价格时没有必要也不可能逐一详细计算。按其用量的多少及对工程投资的影响程度,可分为主要材料和次要材料。

2.2.1.1 主要材料

指在施工过程中用量大或用量虽小但价格很高,对工程造价有较大影响的材料。这类材料的价格应按品种逐一详细计算。主要材料通常是指水泥、钢材、木材、火工产品、油料(包括汽油、柴油)、砂石料等。

2.2.1.2 次要材料

指在施工过程中用量少,对工程造价影响较小的除主要材料外的所有其他材料。次要材料一般品种繁多,如电焊条、铁钉等。

其价格采用简化的方法进行计算,一般参照工程所在地区就近城市定额管理站发布的《市场价格信息》中的材料价格,加运至工地的运杂费用(一般可取预算价格的5%左右)来确定;或采用该材料的市场价,加8%左右的运杂费和采购及保管费计算。没有地区预算价格的材料,由设计单位参照水利工程实际价格水平确定。

需要说明的是,次要材料是相对于主要材料而言的,两者之间并没有严格的界限,要根据工程对某种材料用量的多少及其在工程投资中的比重来确定。如大体积混凝土掺用粉煤灰,或大量采用沥青混凝土防渗的工程,可将粉煤灰、沥青视为主要材料;而对石方开挖量很小的工程,则炸药可不作为主要材料。

2.2.2 材料预算价格的组成

材料预算价格一般由材料原价、包装费、运杂费、运输保险费、采购及保管费等五项组成。其中,材料的包装费并不是对每种材料都可能发生。例如,散装材料不存在包装费,有的材料包装费已计入出厂价。

材料预算价格的计算公式为

材料预算价格 = （材料原价 + 包装费 + 运杂费）× （1 + 采购及保管费率）

+ 运输保险费 (2-15)

2.2.3 材料预算价格的编制

在编制材料预算价格之前,需要到有关部门收集相关建筑材料的市场信息。通常需要收集的信息有工程所在区域建筑材料的市场价格、供应状况、对外交通条件、已建工程的实际经验和资料、国家或地方有关法规等。为了节约资金,降低工程造价,应合理选择材料的供货商、供货地点、供货比例和运输方式等,一般情况下,应考虑就近选择材料来源地。

2.2.3.1 材料原价

材料原价也称材料市场价或交货价格。随着市场经济的发展,材料价格(火工产品除外)已全部放开,一般按工程所在地区就近大的物资供应公司、材料交易中心的市场成交价或设计选定的生产厂家的出厂价或工程所在地建设工程造价管理部门公布的价格信息计算。同一种材料,因产源地、供应商家的不同,会有不同的供应价格,需根据市场调查的详细资料,按不同产源地的市场价格和供应比例,采取加权平均方法计算。一般水利工程的主要材料原价可按下述方法确定:

(1)水泥:水泥产品根据国家计委、建材局计价管理的规定,从1996年4月1日起,全部执行市场价,水泥产品价格由厂家根据市场供求状况和水泥生产成本自主定价。水泥原价为选定厂家的出厂价。如设计采用早强水泥,可按设计确定的比例计入。在可行性研究阶段编制投资估算,水泥原价可统一按袋装水泥价格计算。

(2)钢材:钢材根据设计所需要的规格品种的市场价计算。如果设计提供规格品种有困难,钢材可采用普通 A_3 光面钢筋 $\Phi 16 \sim 18$ mm 比例占 70%、低合金钢 $20MnSi\Phi 20 \sim 25$ mm 比例占 30% 进行计算。各种型钢、钢板的代表规格、型号和比例,根据设计要求确定。

(3)木材:凡工程所需木材可由林区储木场直供的,原则上均应执行设计所选定的储木场的大宗市场批发价;由工程所在地区木材公司供应的,执行地区木材公司规定的大宗市场批发价。确定木材原价的代表规格,按二(杉木)、三(松木)类树种各50%,Ⅰ、Ⅱ等材各占50%考虑,长度按2.0 ~ 3.8 m,原松木径级 $\Phi 20 \sim 28$ cm,锯材按中板中枋,杉木径级根据设计由储木场供应情况确定。

(4)油料:汽油、柴油的原价全部按工程所在地区石油公司的批发价计算。汽油代表规格为70#,柴油代表规格按工程所在地区气温条件确定。其中,Ⅰ类气温区 0# 柴油比例占 75% ~ 100% , -10# ~ -20# 柴油比例占 0 ~ 25%;Ⅱ类气温区 0# 柴油比例占 55% ~ 65% , -10# ~ -20# 柴油比例占 35% ~ 45%;Ⅲ类气温区 0# 柴油比例占 40% ~ 55% , -10# ~ -20# 柴油比例占 45% ~ 60%。 Ⅰ类气温区包括广东、广西、云南、贵州、四川、江苏、湖南、浙江、湖北、安徽;Ⅱ类气温区包括河南、河北、山西、山东、陕西、甘肃、宁夏、内蒙古;Ⅲ类气温区包括青海、新疆、西藏、辽宁、吉林、黑龙江。

(5)火工产品:全部按国家及地方有关规定计算其价格。其中,炸药的代表规格为:2# 岩石铵锑炸药,4# 抗水岩石铵锑炸药,1 ~ 9 kg/包。

上述五种建筑材料是水利工程概预算编制中一般必须编制预算价格的主要材料,在具体工程中须根据工程项目进行增删。

2.2.3.2 包装费

包装费指为便于材料的运输或为保护材料而进行包装所发生的费用。包括厂家所进行的包装以及在运输过程中所进行的捆扎、支撑等费用。凡由生产厂家负责包装并已将包装费计入材料原价的,在计算材料的预算价格时,不再单独计算。包装费和包装品的价值,因材料品种和厂家处理包装品的方式不同而异,应根据具体情况分别进行计算。一般情况下,钢材不进行包装,特殊钢材存在少量包装费,但与钢材价格相比,所占比重很小,编制预算价格时可忽略不计;木材应按实际发生的情况进行计算;袋装水泥的包装费按规定计入出厂价,不计回收,不计押金,散装水泥用专用罐车运输,一般不计包装费;火工产品包装费已包括在出厂价格中;油料用油罐车运输,一般不存在包装费。

2.2.3.3 运杂费

运杂费指材料由产地或交货地点运到工地分仓库或相当于工地分仓库(材料堆放场)所发生的各种运载工具和人力运输费、装卸费、调车费以及其他杂费等。材料由工地分运各施工点的费用,已包括在定额内,不再计算。

材料运杂费应按施工组织设计中所选定的材料来源、运输方式、运输工具、运输距离以及铁路部门、交通部门规定的取费标准分项进行计算。

运杂费计算中应注意以下几个问题:

(1)材料运输流程。指材料由交货地点至工地分仓库的运输方式和转运环节。在制订材料采购计划时,可根据工地实际情况选取合理的运输方案,以提高运输效益,节约成本,降低工程造价。编制材料预算价格时,最好先绘出运输流程示意图,以免计算运杂费时发生遗漏和重复。

(2)运量比例。一个工程有两种以上的对外交通方式时,就需要确定各种运输方式所占的比例。

(3)整车与零担比例。指火车运输中整车和零担货物的比例,又称整零比。汽车运输不考虑整零比。其比例主要视工程规模大小决定。工程规模大,由厂家直供的份额多,批量就大,整车比例就高。

整车运价较零担便宜,材料运费的计算中,应以整车运输为主。一般情况下,水泥、木材、炸药、汽油和柴油按整车计算;钢材可考虑一部分零担,其比例,大型水利工程按10% ~20%、中型水利工程按20% ~30%选取。

整零比在实际计算时多以整车和零担所占百分率表示。计算时,按整车和零担所占百分率加权平均计算运价。计算公式为

$$运价 = 整车运价 \times 整车量(\%) + 零担运价 \times 零担量(\%) \tag{2-16}$$

(4)装载系数。在实际运输过程中,由于材料批量原因,可能装不满一整车而不能满载;或虽已满载,但因材料容重小其运输重量不能达到车皮的标记吨位;或为保证行车安全,对炸药类危险品不允许满载。这样,就存在实际运输重量与运输车辆标记载重量不同的问题,而交通运输部门是按标记载重量收取费用的(整车运输)。在计算运杂费时,装载系数可用下式来表示:

$$装载系数 = 实际运输重量 \div 运输车辆标记载重量 \qquad (2-17)$$

据统计,火车整车装载系数见表2-7,供计算时参考。

表2-7 火车整车装载系数

序号	材料名称		单位	装载系数
1	水泥、油料		t/车皮 t	1.00
2	木材		m³/车皮 t	0.90
3	钢材	t/车皮 t	大型工程	0.90
4		t/车皮 t	中型工程	0.80 ~ 0.85
5	炸药		t/车皮 t	0.65 ~ 0.70

考虑装载系数后的实际运价为

$$实际运价 = 规定运价 \div 装载系数 \qquad (2-18)$$

(5)毛重。指包括包装品重量的材料运输重量。单位毛重则指单位材料的运输重量。交通运输部门是按毛重计算运费,而不是以物资的实际重量计算运费的,因此材料运输费要考虑材料的毛重系数:

$$毛重系数 = 毛重 \div 净重 \qquad (2-19)$$

建筑材料中,水泥、钢材和油罐车运输的油料的毛重系数为1.0;木材的单位重量与材质有关,一般为 $0.6 \sim 0.8$ t/m³,毛重系数为1.0;炸药的毛重系数为1.17;汽油、柴油采用自备油桶运输时,其毛重系数汽油为1.15,柴油为1.14。

考虑毛重系数后的实际运价为

$$实际运价 = 规定运价 \times 毛重系数 \qquad (2-20)$$

2.2.3.4 材料运输保险费

材料在运输过程中,如需进行保险,就应向保险公司缴纳保险费。

$$材料运输保险费 = 材料原价 \times 材料运输保险费率 \qquad (2-21)$$

材料运输保险费率可按工程所在省、自治区、直辖市或中国人民保险公司的有关规定计算。

2.2.3.5 材料采购及保管费

材料采购及保管费指建设单位和施工单位的材料供应部门在组织材料采购、运输保管和供应过程中所需的各项费用,包括:

(1)材料的采购、供应和保管部门工作人员的基本工资、辅助工资、工资附加费、教育经费、办公费、差旅交通费及工具用具使用费。

(2)仓库和转运站的检修费、固定资产折旧费、技术安全措施费和材料的检验费等。

(3)材料在运输、保管过程中所发生的损耗。

材料采购及保管费计算公式为

$$材料采购及保管费 = (材料原价 + 包装费 + 运杂费) \times 材料采购及保管费率$$

$$(2-22)$$

材料采购及保管费率按主管部门规定计算,现行规定为3%。

【例 2-2】 计算某水利工程用水泥预算价格。水泥由某水泥厂直供,水泥强度等级为 42.5,其中袋装水泥占 10%,出厂价为 320 元/t;散装水泥占 90%,出厂价为 300 元/t。运输路线、运输方式和各项费用:自水泥厂通过公路运往工地仓库,其中袋装水泥运杂费 25.6 元/t,散装水泥运杂费 16.9 元/t;从工地仓库至拌和楼由汽车运送,运费为 1.5 元/t;进罐费为 1.3 元/t;运输保险费率按 1% 计;采购及保管费率按 3% 计。

解:

水泥原价 = 袋装水泥市场价 × 10% + 散装水泥市场价 × 90%

$\qquad$ = 320 × 10% + 300 × 90% = 302(元/t)

水泥运杂费 = 水泥厂至工地仓库运杂费 + 工地仓库至拌和楼平均运杂费 + 进罐费

$\qquad$ = 25.6 × 10% + 16.9 × 90% + 1.5 + 1.3 = 20.57(元/t)

水泥运输保险费 = 水泥原价 × 运输保险费率 = 302 × 1% = 3.02(元/t)

水泥预算价格 = (水泥原价 + 包装费 + 运杂费) × (1 + 采购及保管费率)

$\qquad$ + 运输保险费

$\qquad$ = (302 + 0 + 20.57) × (1 + 3%) + 3.02 = 335.27(元/t)

2.2.4 基价、限价及材料调差价

2.2.4.1 基价

为了避免材料市场价格起伏变化,造成间接费、利润相应的变化,有些部门(如工民建和水利主管部门)对主要材料规定了统一的价格,按此价格进入工程单价,计取有关费用,故称为取费价格。此价格由主管部门发布,在一定时期内固定不变,故又称基价。

2.2.4.2 限价

2002 年水利部在颁布的《水利工程设计概(估)算编制规定》中专门指出,西藏等地区,部分材料运输距离较远,预算价格较高,应限价计入工程单价,余额以补差形式计算税金后列入相应部分之后。外购砂、碎(砾)石、块石、料石等预算价格控制在 70 元/m³。这种只规定上限的基价,称为规定价或限价。

2.2.4.3 材料调差价

按实际市场价计算出的材料预算价与规定价之差称为材料调差价。在计算工程单价时,当遇到外购砂、碎(砾)石、块石、料石等的工程单价,其预算价格超过限价(70 元/m³)时,应按限价进入工程单价计费,超过部分以补差形式计算税金后列入相应部分之后。

2.3 施工用电、水、风预算价格

在水利工程施工过程中,电、水、风的耗用量非常大。电、水、风的预算价格直接影响到施工机械台班费和工程单价的高低,从而影响到工程造价。因此,在编制电、水、风预算单价时,需要根据施工组织设计中确定的电、水、风供应的布置形式、供应方式、设备配置情况或施工企业的实际资料计算。

2.3.1 施工用电价格

施工用电按其用途可分为生产用电和生活用电两部分。生产用电指施工机械用电、施工照明用电和其他生产用电,该项费用直接计入工程成本中。生活用电是指生活、文化、福利设施的室内外照明和其他生活用电,这部分费用在间接费内计列或由职工负担,不在施工用电范围内。水利工程中的电价计算仅指生产用电。

水利工程施工用电的电源有外购电和自发电两种形式。由国家、地方电网或其他电厂供电叫外购电,其中国家电网供电电价低廉,电源可靠,是施工时的主要电源。由施工单位自建发电厂或柴油发电厂供电叫自发电,自发电一般为柴油发电机组供电,成本较高,一般作为施工单位的备用电源或在用电高峰时使用。

2.3.1.1 施工用电价格的组成

施工用电价格由基本电价、电能损耗摊销费和供电设施维修摊销费三部分组成。

1. 基本电价(元/kWh)

(1)外购电的基本电价:指按国家或地方的规定由供电部门收取的电价。凡是由国家电网供电的,执行国家规定的基本电网电价中的非工业标准电价,包括电网电价、电力建设基金、用电附加费及各种加价。由地方电网或其他企业中小型电网供电的,执行地方电价主管部门规定的电价。

(2)自发电的基本电价:指施工企业自建发电厂(或自备发电机)的单位成本。自建发电厂一般有柴油发电厂(柴油发电机组)、燃煤发电厂和水力发电厂等。在城市水利工程施工中,施工单位一般自备柴油发电机组或柴油发电机作为备用电源。

柴油发电厂供电,应根据自备电厂所配置的设备,以台时总费用来计算单位电能的成本作为基本电价,可按下式计算:

$$基本电价 = 台时总费用 \div [台时总发电量 \times (1 - 厂用电率)] \qquad (2\text{-}23)$$

$$台时总费用 = 柴油发电机组(台)时费 + 水泵组(台)时费 \qquad (2\text{-}24)$$

$$台时总发电量 = 发电机额定容量之和 \times 发电机出力系数 \qquad (2\text{-}25)$$

其中,发电机出力系数根据设备的技术性能和状态选定,一般可取 0.8 ~ 0.85;厂用电率一般可取 4% ~ 6% 。

柴油发电机供电如果采用循环冷却水,不用水泵,基本电价的计算公式为

$$基本电价 = 台时总费用 \div [台时总发电量 \times (1 - 厂用电率)] + 单位循环冷却水费$$

$$\qquad (2\text{-}26)$$

$$台时总费用 = 柴油发电机组(台)时费 \qquad (2\text{-}27)$$

单位循环冷却水费,可取 0.03 ~ 0.05 元/kWh,其他同前。

2. 电能损耗摊销费

(1)外购电的电能损耗摊销费:指从施工单位与供电部门的产权分界处起到施工现场最后一级降压变压器低压侧止,所有施工用变配电设备及输电线路上所发生的电能损耗摊销费用。包括由高压电网到施工主变压器高压侧之间的高压输电线路损耗,由主变压器高压侧至现场各施工点最后一级降压变压器低压侧之间的变配电设备及配电线路损耗两部分。

(2)自发电的电能损耗摊销费:指从发电厂的出线侧到现场各施工点最后一级降压

变压器低压侧止,所有变配电设备和输电线路上的电能损耗摊销费用。

从最后一级降压变压器低压侧到施工现场用电点的施工设备及低压配电线路损耗已包括在各用电施工设备的台时耗电定额中,不再计入电价内。

电能损耗摊销费通常用电能损耗率表示。

3. 供电设施维修摊销费

供电设施维修摊销费指摊入电价的变配电设备的基本折旧费、大修理费、安装和拆卸费、输配电线路的移设和运行维护费等。

按现行编制规定,施工场外变配电设备可计入临时工程,故供电设施维修摊销费中不包括基本折旧费。供电设施维修摊销费一般可根据经验指标计算。

2.3.1.2 施工用电价格的计算

1. 外购电电价(元/kWh)

根据施工组织设计确定的供电方式以及不同电源的电量所占比例,按国家或工程所在省、自治区、直辖市规定的电网电价和规定的加价进行计算。计算公式为

$$电网供电价格 = 基本电价 \div (1 - 高压输电线路损耗率) \div (1 - 变配电设备及配电$$
$$线路损耗率) + 供电设施维修摊销费(变配电设备除外) \qquad (2\text{-}28)$$

其中,高压输电线路损耗率可取 4% ~ 6%;变配电设备及配电线路损耗率可取 5% ~ 8%。线路短、用电负荷集中,取小值,反之取大值。

供电设施维修摊销费,可取 0.02 ~ 0.03 元/kWh。

2. 自发电电价(元/kWh)

(1)采用循环冷却水,计算公式为

$$柴油发电机供电价格 = 柴油发电机组(台)时费 \div [柴油发电机额定容量之和 \times 发电$$
$$机出力系数 \times (1 - 厂用电率) \times (1 - 变配电设备及配电线路$$
$$损耗率)] + 供电设施维修摊销费 + 单位循环冷却水费$$
$$(2\text{-}29)$$

(2)采用专用水泵供给冷却水,计算公式为

$$柴油发电机供电价格 = (柴油发电机组(台)时费 + 水泵组(台)时费) \div [柴油发电$$
$$机额定容量之和 \times 发电机出力系数 \times (1 - 厂用电率)$$
$$\times (1 - 变配电设备及配电线路损耗率)] + 供电设施维修摊$$
$$销费 \qquad (2\text{-}30)$$

式中,各指标取值同前。

(3)综合电价:若工程同时采用两种或两种以上供电电源,各用电量比例应按施工组织设计确定,综合电价经加权平均后求得。

【例2-3】 某水利工程施工用电,由国家供电网供电90%,自发电10%。基本资料如下,计算其综合电价。

(1)外购电。①基本电价0.398 元/kWh;②损耗率:高压输电线路取5%,变配电设备和配电线路取8%;③供电设施维修摊销费0.03 元/kWh。

(2)自发电。①自备柴油发电机,容量250 kW 1台,台时费用210.68 元/台时;200 kW 1台,台时费用176.22 元/台时;2.2 kW 潜水泵 2台,供给冷却水,每台台时费用

13.52 元/台时;②发电机出力系数 0.80;③供电设施维修摊销费 0.03 元/kWh。

解:

(1)外购电的电价,按式(2-28)计算:

外购电电价 = $0.398 \div (1-5\%) \div (1-8\%) + 0.03 = 0.485$(元/kWh)

(2)自发电的电价:

台时总费用 = $210.68 \times 1 + 176.22 \times 1 + 13.52 \times 2 = 413.94$(元)

台时总发电量 = $(250+200) \times 0.8 = 360$(kWh)

按式(2-26)计算自发电的基本电价,厂用电率取 5%:

基本电价 = $413.94 \div [360 \times (1-5\%)] = 1.210$(元/kWh)

按式(2-29)计算自发电的电价:

自发电的电价 = $1.210 \div (1-8\%) + 0.03 = 1.345$(元/kWh)

(3)综合电价 = $1.345 \times 10\% + 0.485 \times 90\% = 0.571$(元/kWh)

取定综合电价为 0.57 元/kWh。

2.3.2 施工用水价格

水利工程施工用水分生产用水和生活用水两部分。生产用水是指直接进入工程成本的施工用水,包括钻孔灌浆用水、砂石料筛洗用水、混凝土拌制养护用水、施工机械用水等。生活用水主要指职工、家属的饮用水和洗涤用水等。城市水利工程施工用水水价,仅指生产用水水价。生活用水属于间接费用开支或由职工自行负担,不在水价计算范围之内。如果生产、生活用水由同一系统供水,凡因生活用水所增加的费用(如净化药品费等),均不应计入生产用水的单价之内。

由于水利工程所在地的特殊性,施工时多采用工程所在地自来水公司管路供水,其施工用水价格直接采用居民生活用水价格。如果根据施工组织设计,施工时需配置供水系统,可按下列方法进行计算。

2.3.2.1 施工用水价格的组成

施工用水价格由基本水价、供水损耗摊销费和供水设施维修摊销费组成。

(1)基本水价:基本水价是根据施工组织设计确定的高峰用水量所配备的供水系统设备(不含备用设备),按台时产量分析计算的单位水量的价格。基本水价是构成水价的基本部分,其高低与生产用水的工艺要求以及施工布置密切相关,如用水需作沉淀处理或扬程高等,则水价高;反之,水价就低。基本水价的计算公式为

基本水价 = 水泵组(台)时费 $\div$ [水泵额定容量之和(m³/h) × 能量利用系数]

$$(2-31)$$

其中,能量利用系数一般取 $0.75 \sim 0.85$。

(2)供水损耗摊销费:水量损耗是指施工用水在储存、输送、处理过程中的水量损失。在计算水价时,水量损耗通常以损耗率表示,计算公式为

损耗率(%) = 损失水量 $\div$ 水泵总出水量 × 100%　　　　(2-32)

供水损耗率的大小与蓄水池及输水管路的设计、施工质量和维修管理水平的高低有直接关系,编制概算时一般可按出水量的 8% ~12% 计取,在预算阶段,如有实际资料,应

根据实际资料计算。

（3）供水设施维修摊销费：供水设施维修摊销费是指摊入水价的水池、供水管路等供水设施的单位维护修理费用。一般情况下，该项费用难以准确计算，可按 0.02 ~ 0.03 元/m³ 的经验指标摊入水价，大型工程或一、二级供水系统可取大值，中小型工程或多级供水系统可取小值。

2.3.2.2　施工用水价格的计算

施工用水价格的计算公式为

$$施工用水价格 = 基本水价 \div (1 - 损耗率) + 供水设施维修摊销费 \qquad (2\text{-}33)$$

2.3.2.3　水价计算时应注意的问题

（1）水泵台时总出水量计算，应根据施工组织设计选定的水泵型号、系统的实际扬程和水泵性能曲线确定。

（2）在计算台时总出水量和台时总费用时，如计入备用水泵的出水量，则台时总费用中亦应包括备用水泵的台时费。如备用水泵的出水量不计，则其台时费也不计。

（3）供水系统为一级供水，台时总出水量按全部工作水泵的总出水量计算。供水系统为多级供水，则：

①当全部水量通过最后一级水泵出水时，台时总出水量按最后一级工作水泵的出水量计算，但台时总费用应包括所有各级工作水泵的台时费；

②当有部分水量不通过最后一级，而由其他各级分别供水时，要逐级计算水价；

③当最后一级供生活用水时，则台时总出水量包括最后一级，但该级台时费不应计算在台时总费用内。

（4）施工用水有循环用水时，水价要根据施工组织设计的供水工艺流程计算。

【例2-4】　某工程施工生产用水设两个供水系统。甲系统设 3 台 150D30 ×4 水泵，其中备用 1 台，总扬程 116 m，相应出水量 150 m³/(h·台)；乙系统设 3 台 100D45 ×3 水泵，其中备用 1 台，总扬程 120 m，相应出水量 90 m³/(h·台)。两供水系统供水比例为 60:40，均为一级供水。已知水泵台时费分别为 96 元/台时和 75 元/台时，供水损耗率取 10%，维修摊销费取 0.03 元/m³，能量利用系数取 0.8，求综合水价。

解：

甲系统的水价为

$$(96 \times 2) \div [150 \times 2 \times 0.8 \times (1 - 10\%)] + 0.03 = 0.919(元/m^3)$$

乙系统的水价为

$$(75 \times 2) \div [90 \times 2 \times 0.8 \times (1 - 10\%)] + 0.03 = 1.187(元/m^3)$$

综合水价为

$$0.919 \times 60\% + 1.187 \times 40\% = 1.026(元/m^3)$$

取定综合水价为 1.03 元/m³。

2.3.3　施工用风价格

在城市水利工程施工中，施工用风主要用于石方爆破钻孔、混凝土浇筑、基础处理、结构、机电设备安装工程等风动机械所需的压缩空气。

施工用风可由移动式空压机或固定式空压机供给。在大中型水利工程中,一般都采用多台固定式空压机集中组成压气系统,并以移动式空压机为辅助。

2.3.3.1 施工用风价格的组成

施工用风价格的组成和电价相似,由基本风价、供风设施维修摊销费、供风损耗摊销费组成。

2.3.3.2 施工用风价格的计算

$$施工用风价格 = 基本风价 \times [1 \div (1 - 损耗率)] + 供风设施维修摊销费 \quad (2\text{-}34)$$

1. 基本风价

基本风价是根据施工组织设计确定的高峰用风量配置的供风系统设备,按台时产量计算单位风量的价格,计算公式为

$$基本风价 = 台时总费用 \div 台时总供风量 \quad (2\text{-}35)$$

$$台时总费用 = 空气压缩机组(台)时总费用 + 水泵组(台)时总费用 \quad (2\text{-}36)$$

$$台时总供风量 = 60(min) \times 空气压缩机额定容量之和 \times 能量利用系数 \quad (2\text{-}37)$$

其中,能量利用系数可取 $0.70 \sim 0.85$。

空气压缩机系统如采取循环冷却水,不用水泵,施工用风价格计算公式为

$$施工用风价格 = \frac{空气压缩机组(台)时总费用 \div 台时总供风量}{(1 - 供风损耗率)}$$
$$+ 单位循环冷却水费 + 供风设施维修摊销费 \quad (2\text{-}38)$$

其中,单位循环冷却水费可取 0.005 元/m³。

2. 供风设施维修摊销费

供风设施维修摊销费指摊入风价的供风管道的维修费用。该项目费用数值较小,编制概算时可采用经验数值而不进行具体计算,一般采用 $0.002 \sim 0.003$ 元/m³。编制预算,若实际资料不足无法进行具体计算,也可采用上述建议值。

3. 供风损耗摊销费

该项费用是指由压气站至用风工作面的固定供风管道,在输送压气过程中所发生的漏气损耗、压气在管道中流动时的阻力损耗摊销费用。损耗及损耗摊销费的大小与管道长短、管道直径、闸阀和弯头等构件多少、管道敷设质量、设备安装高程的高低有关。供风损耗率一般为总风量的 $8\% \sim 12\%$。风动机械本身的用风损耗,不在风价中计算,已包括在该机械台班耗风定额中。

【例 2-5】 某水库大坝施工用风,其设置左坝区和右坝区两个气压系统,总容量为 $187 \ m^3/min$。具体配置见表 2-8。其他资料:空气压缩机能量利用系数 0.85,供风损耗率 12%,供风设施维修摊销费 0.002 元/m³,试计算施工用风价格。

表 2-8 施工用风设备配置

编号	施工机械名称及型号规格	单位	数量	台时预算单价(元/台时)
1	固定式空压机 40 m³/min	台	1	136.70
2	固定式电压机 20 m³/min	台	6	76.19
3	移动式空压机 9 m³/min	台	3	41.23
4	水泵 7 kW	台	2	15.88

解：

台时总费用 $= 136.70 \times 1 + 76.19 \times 6 + 41.23 \times 3 + 15.88 \times 2 = 749.29$（元）

台时总供风量 $= 187 \times 60 \times 0.85 = 9\,537$（$m^3$）

基本风价 $= 749.29 \div 9\,537 = 0.079$（元/$m^3$）

施工用风价格 $=$ 基本风价 $\times [1 \div (1 - 损耗率)] +$ 供风设施维修摊销费
$$= 0.079 \times [1 \div (1 - 12\%)] + 0.002 = 0.09（元/m^3）$$

2.4 施工机械台时费

施工机械台时费指一台机械在一个工作小时内，为使机械正常运转所支付和分摊的各项费用之和。施工机械使用费以台时为计量单位。随着城市水利工程施工机械化程度的提高，施工机械台时费在工程投资中所占比例越来越大，目前达到 20% ~ 30%，因此准确计算施工机械台时费对合理确定工程造价非常重要。

2.4.1 施工机械台时费组成

水利工程施工机械台时费由一类费用和二类费用组成。

2.4.1.1 一类费用

一类费用按 2000 年度价格水平计算并用金额表示。编制机械台时费时，应按编制年价格水平调整，按国家有关规定执行。一类费用由基本折旧费、修理及替换设备费（含大修理费、经常性修理费、替换设备费）和安装拆卸费等组成。

（1）基本折旧费：指机械在规定使用期内收回原始价值的台时折旧摊销费用。

（2）修理及替换设备费：指机械使用过程中，为了使机械保持正常功能而进行修理所需的费用、日常保养所需的润滑油料费、擦拭用品费、机械保管费以及替换设备、随机使用的工具附具等所需的台时摊销费。包括：

①大修理费：指机械使用一定台时，为了使机械保持正常功能而进行大修理所需的台时摊销费用。部分属于大型施工机械的中修费合并入大修理费内一起计列。

②经常性修理费：包括中修费（属于大型施工机械的不包括中修费）、小修费、各级保养费、润滑及擦拭材料费以及保管费等费用的台时摊销费。

③替换设备费：包括机械需用的蓄电池、变压器、启动器、电线、电缆、电器开关、仪表、轮胎、传动皮带、输送皮带、钢丝绳、胶皮管等替换设备和为了保证机械正常运转所需的随机使用的工具附具的摊销、维护费。

（3）安装拆卸费：指机械进出工地的安装、拆卸、试运转和场内转移及辅助设施的摊销费用。其主要内容有：

①安装前的准备，如设备开箱、检查清扫、润滑及电气设备烘干等所需的费用。

②设备自场内仓库至安装拆卸地点的往返运输费用和现场范围内的运转费用。

③设备进出工地的安装、调试以及拆除后的整理、清扫和润滑等费用。

④一般的设备基础开挖、混凝土浇筑和固定锚桩等费用。如因地形条件和施工布置

需要进行大量土石方开挖及混凝土浇筑等,应列入临时工程项目。

⑤为设备的安装拆卸所搭设的平台、脚手架、地锚和缆风索等临时设施和施工现场清理等的费用。

不需要安装拆卸的施工机械,台时费中不计列此项费用,如自卸汽车、船舶、拖轮等。现行施工机械台时费定额中,凡备注栏内注有"※"的大型施工机械,表示该项定额未计列安装拆卸费,其费用在临时工程中的"其他施工临时工程"中计算,如混凝土搅拌楼、缆索起重机、钢模台车等。

2.4.1.2 二类费用

二类费用在施工机械台时费定额中以工时数量和实物消耗量表示,是指施工机械正常运转时机上人工、燃料、动力费用,其数量定额一般不允许调整。但是因工程所在地的人工预算单价、材料市场价格各异,所以此项费用按国家规定的人工工资计算办法和工程所在地的物价水平分别计算,又称可变费用。

(1)机上人工费:指施工机械运转时应配备的机上操作人员预算工资所需的费用。机上人工在台时费定额中以工时数量表示,它包括机械运转时间,辅助时间,用餐、交接班以及必要的机械正常中断时间。机下辅助人员预算工资一般列入工程人工费,不包括在内。

(2)燃料、动力费:指施工机械正常运转时所耗用的各种燃料、动力及各种消耗性材料,包括风(压缩空气)、水、电、汽油、柴油、煤和木柴等所需的费用。定额中以实物消耗量表示。其中,机械消耗电量包括机械本身和最后一级降压变压器低压侧至施工用电点之间的线路损耗,风、水消耗包括机械本身和移动支管的损耗。

2.4.2 施工机械台时费的计算

目前执行2002年由水利部颁发的《水利工程施工机械台时费定额》及有关规定。

一类费用:按现行部颁规定,以金额形式表示,价格水平为2000年。

二类费用:将定额中的机上人工,燃料、动力消耗材料数量分别对应乘以人工预算单价、材料预算单价,合计值即为二类费用。

计算公式分别为

$$一类费用 = 定额一类费用金额 \times 编制年调整系数 \quad (2-39)$$
$$二类费用 = 定额机上人工工时数 \times 中级工人工工时预算单价$$
$$+ \sum(定额燃料、动力消耗量 \times 燃料、动力预算价格) \quad (2-40)$$

一、二类费用之和即为施工机械台时费。

【例2-6】 试计算1 m³ 液压挖掘机、59 kW 推土机、10 t 自卸汽车的台时费。已知:该工程的中级工人工工时预算单价为5.62 元/工时,柴油预算价格为5.20 元/kg,台时一类费用调整系数为1.00。

解:查《水利工程施工机械台时费定额》编号1009可知,1 m³ 液压挖掘机的一类费用小计为63.27 元;二类费用中机上人工为2.7 工时,柴油耗量为14.9 kg。

一类费用 = 定额一类费用金额 ×1.00 = 63.27 ×1.00 = 63.27(元)

二类费用 = 2.7 ×5.62 +14.9 ×5.20 = 92.65(元)

$1 m^3$ 液压挖掘机的台时费 $=63.27+92.65=155.92($元/台时$)$

查定额编号 1042、3015 可分别计算出：

59 kW 推土机的台时费 $=24.31+2.4×5.62+8.4×5.20=81.48($元/台时$)$

10 t 自卸汽车的台时费 $=48.79+1.3×5.62+10.8×5.20=112.26($元/台时$)$

2.4.3 补充机械台时费的编制

当施工组织设计选用的机械在《水利工程施工机械台时费定额》中规格、型号与定额不符或缺项时，需要编制补充机械台时费。当设计选取的施工机械在定额中存在，但其设备容量与现行定额中同类设备不符且位于定额所包含的容量范围之内时，为了与现行定额水平吻合，可按现行定额水平采取直线内插法分别确定各项费用，编制补充机械台时费定额，也可按以下办法编制施工机械台时费。

2.4.3.1 基本折旧费

计算公式如下：

$$台时基本折旧费=机械预算价格×(1-残值率)÷机械经济寿命总台时 \qquad (2-41)$$

或

$$台时基本折旧费=机械预算价格×年折旧率÷机械年工作台时 \qquad (2-42)$$

$$国产施工机械预算价格=机械原价+运杂费 \qquad (2-43)$$

$$残值率=(机械残值-清理费)÷机械预算价格×100\% \qquad (2-44)$$

$$机械经济寿命总台时=经济使用年限×年工作台时 \qquad (2-45)$$

其中，运杂费一般按机械原价的5%～7%计算；残值率一般可取4%～5%；机械经济寿命总台时，指机械在经济使用期内所运转的总台时数；经济使用年限，指国家规定的该种机械从使用到报废的平均工作年数；年工作台时，指该种机械在经济使用期内平均每年运行的台时数。

进口施工机械预算价格，包括到岸价、关税、增值税（或产品税）、调节税、进出口公司手续费、人民币保证金和银行手续费、国内运费等项费用，按国家现行有关规定及实际调查资料计算。公路运输机械（汽车、拖车、公路自行机械）按国务院发布的《车辆购置附加费征收办法》的规定，需增加车辆购置附加费，其预算价格计算公式如下：

$$公路运输机械预算价格=车辆出厂价+运杂费+车辆购置附加费 \qquad (2-46)$$

2.4.3.2 大修理费

计算公式为

$$台时大修理费=一次大修理费用×大修理次数÷机械经济寿命总台时 \qquad (2-47)$$

大修理次数是指机械在经济使用期内需进行大修理的次数，计算公式如下：

$$大修理次数=机械经济寿命总台时÷大修理间隔台时-1 \qquad (2-48)$$

一次大修理费用可按一次大修理所需的人工、材料、机械等进行计算，也可参考实际资料按占机械预算价格的百分率计算。

2.4.3.3 经常性修理费

经常性修理费包括修理费、润滑及擦拭材料费等。

（1）修理费。包括中修和各级保养，一般按大修理间隔期内的平均修理费计算，计算

公式为

$$修理费 = 大修理间隔期内修理费之和 \div 大修理间隔台时 \qquad (2\text{-}49)$$

大修理间隔期内修理费为中修费用、各级保养费用之和。

（2）润滑及擦拭材料费。计算公式如下：

$$台时润滑及擦拭材料费 = 机械年润滑及擦拭材料费 \div 年工作台时 \qquad (2\text{-}50)$$

其中，润滑油脂的耗用量一般按机械台时耗用燃料油量的百分比计算，柴油机械按6%，汽油机械按5%，棉纱头及其他油等耗用量可按实际情况计算。

2.4.3.4 机械保管费

机械保管费是指机械保管部门保管机械所需的费用。包括机械在规定年工作台时以外的保养、维护所需的人工、材料和用品费用。计算公式如下：

$$台时机械保管费 = 机械预算价格 \div 机械年工作台时 \times 保管费率 \qquad (2\text{-}51)$$

保管费率一般取0.15%～1.5%，其高低与机械预算价格有直接的关系。机械预算价格低，保管费率高；反之，则保管费率低。

2.4.3.5 替换设备及工具附具费

替换设备及工具附具费是指机械正常运行所需更换的设备及工具附具摊销到台时费中。计算公式为

$$台时替换设备及工具附具费 = 年替换设备及工具附具费 \div 年工作台时 \qquad (2\text{-}52)$$

2.4.3.6 安装拆卸及辅助设施费

计算公式为

$$台时安装拆卸及辅助设施费 = 台时大修理费 \times 安拆费率 \qquad (2\text{-}53)$$

$$安拆费率 = 典型机械安装拆卸及辅助设施费 \div 典型机械台时大修理费 \times 100\%$$

$$(2\text{-}54)$$

特大型和部分大型施工机械的安装拆卸及辅助设施费，不在施工机械台时费中计列，而另列于临时工程中。

以上六项费用之和为一类费用。其中，后五项费用计算较烦琐，资料不易取得，编制补充机械台时费时也可按相似机械相应定额中的各项费用占基本折旧费的比例计算，其中大修理费、经常性修理费、机械保管费、替换设备及工具附具费之和即为修理及替换设备费。

2.4.3.7 机上人工费

计算公式为

$$台时机上人工费 = 机上人工工时数 \times 人工工时预算单价 \qquad (2\text{-}55)$$

2.4.3.8 燃料、动力费（油、电、风、水、煤）

（1）内燃机械台时燃料消耗量。计算公式为

$$Q = 1(\mathrm{h}) \times NGK \qquad (2\text{-}56)$$

式中　Q——台时燃料消耗量，kg；

　　　N——发动机额定功率，kW；

　　　G——额定耗油量，kg/kWh；

　　　K——发动机综合利用系数，一般取0.20～0.40。

（2）电动机械台时电力消耗量。计算公式为

$$Q = 1(h) \times NK \qquad (2-57)$$

$$K = K_1 K_2 / (K_3 K_4) \qquad (2-58)$$

式中　Q——台时电力消耗量，kWh；

　　　N——电动机额定功率，kW；

　　　K——电动机综合利用系数；

　　　K_1——电动机出力系数，一般取 0.40 ~ 0.60；

　　　K_2——电动机能量利用系数，一般取 0.50 ~ 0.70；

　　　K_3——低压线路电力损耗系数，一般取 0.95；

　　　K_4——平均负荷时电动机有效利用系数，一般取 0.78 ~ 0.88。

（3）风动机械台时压气消耗量。计算公式为

$$Q = 60(min) \times qK \qquad (2-59)$$

式中　Q——台时压气消耗量，m³；

　　　q——风动机械压气消耗量，m³/min；

　　　K——风动机械综合利用系数，一般可取 0.60 ~ 0.70。

（4）蒸汽机械台时水、煤消耗量。计算公式为

$$Q = 1(h) \times NGK \qquad (2-60)$$

式中　Q——台时水、煤消耗量，kg；

　　　N——蒸汽机额定功率，kW；

　　　G——额定水、煤耗用量，kg/kWh；

　　　K——蒸汽机综合利用系数，机车取 0.14 ~ 0.80，锅炉、打桩机取 0.55 ~ 0.75。

上述两项费用之和为二类费用。一类费用、二类费用之和即为所计算的施工机械台时费。

2.4.4　组合台时费的计算

组合台时（简称组时）是指多台施工机械设备相互衔接或配备形成的机械联合作业系统的台时，组时费是指系统中各机械台时费之和。

机械组时费 = Σ机械设备的台时费 × 机械配备的台数

【例 2-7】　计算 QTP-80 外爬式塔式起重机台时费。基础资料如下：

（1）出厂价 39.6 万元，运杂费率 5%；

（2）设备使用年限 19 年，年工作台时 2 000 个，耐用总台时 38 000 个，残值率 4%；

（3）大修理次数 2 次，一次大修理费占设备预算价格的 4%；

（4）台时经常性修理费占台时大修理费的 231%；

（5）台时替换设备及工具附具费占台时大修理费的 88%；

（6）安装拆卸及辅助设施费，按规定单独计算，不列入台时费；

（7）年保管费占设备预算价格的 0.25%；

（8）燃料、动力费：电动机功率 53.4 kW（其中主机功率 30 kW），电动机出力系数 0.4，能量利用系数 0.5，电动机有效利用系数 0.88，低压线路电力损耗系数 0.95；

(9)机上人工 2 个,预算工资 5.62 元/工时;

(10)电价 0.5 元/kWh。

解:

(1)计算一类费用:

设备预算价格 = 396 000 × (1 + 5%) = 415 800 (元)

①基本折旧费 = 415 800 × (1 - 4%) ÷ 38 000 = 10.50(元/台时)

②大修理费 = (415 800 × 4%) × 2 ÷ 38 000 = 0.88(元/台时)

③经常性修理费 = 0.88 × 231% = 2.03(元/台时)

④替换设备及工具附具费 = 0.88 × 88% = 0.77(元/台时)

⑤机械保管费 = 415 800 × 0.25% ÷ 2 000 = 0.52(元/台时)

一类费用小计:14.70 元/台时

(2)计算二类费用:

①机上人工费 = 2 × 5.62 = 11.24 (元/台时)

②耗电费 = 53.4 × 0.4 × 0.5 × 1 ÷ (0.88 × 0.95) × 0.5 = 6.39 (元/台时)

二类费用小计:17.63 元/台时

台时费 = 一类费用 + 二类费用 = 14.70 + 17.63 = 32.33 (元/台时)

2.5　砂石料单价

　　砂石料是水利工程中砂砾料、砂、卵(砾)石、碎石、块石、料石等材料的统称。砂砾料指未经加工的天然砂卵石料;骨料指经过加工分级后可用于混凝土制备的砂、砾石和碎石的统称;砂指粒径不超过 5 mm 的骨料;碎石指经破碎、加工分级后粒径大于 5 mm 的骨料;砾石指砂砾料经加工分级后粒径大于 5 mm 的卵石;碎石原料指未经破碎、加工的岩石开采料;超径石指砂砾料中大于设计骨料最大粒径的卵石;块石指长、宽各为厚度的 2 ~ 3 倍,厚度大于 20 cm 的石块;片石指长、宽各为厚度的 3 倍以上,厚度大于 15 cm 的石块;毛条石指长度大于 60 cm 的长条形四棱方正的石料;料石指毛条石经过修边打荒加工、外露面方正、各相邻面正交、表面凹凸不超过 10 mm 的石料。砂石料按粒径大小可划分为细骨料和粗骨料两种,其中:细骨料是指粒径在 0.15 ~ 5 mm 的砂料;粗骨料是指粒径在 5 ~ 20 mm、20 ~ 40 mm、40 ~ 80 mm、80 ~ 120(150) mm 的碎(卵)石料。

　　砂石料是水利工程的主要建筑材料,按其来源不同一般可分为天然砂石料和人工砂石料两种。天然砂石料是岩石经风化和水流冲刷而形成的,有河砂、山砂、海砂以及河卵石、山卵石和海卵石等;人工砂石料是采用爆破等方式,开采岩体经机械设备的破碎、筛洗、碾磨加工而成的碎石和人工砂(又称机制砂)。

　　城市水利工程由于工程地点的特殊性,一般由施工企业到工地附近的料场采购。砂石料预算单价按本章主要材料预算价格的计算方法确定,也可按地方定额站发布的工业与民用建筑材料预算价格加至工地的运杂费用计算。在计算过程中,参考各地经验,2002年水利部颁发的《水利工程设计概(估)算编制规定》中规定,砂、碎石(砾石)、块石等预算价格如超过 70 元/m³,按 70 元/m³ 进入工程单价,计取有关费用,超过 70 元/m³ 的部分计取税金后列入相应部分之后。材料的容重可分别按黄砂 1.5 t/m^3、碎石 1.6 t/m^3、块石 1.7 t/m^3 计算。

如需了解自行开采砂石料的单价编制方法,可参考水利工程造价教材相关内容。本节不再叙述。

2.6 混凝土、砂浆材料单价

混凝土、砂浆材料单价是指配制 1 m^3 混凝土、砂浆所需的水泥、砂石骨料、水、掺合料及外加剂等各种材料的费用之和,不包括混凝土和砂浆拌制、运输、浇筑等工序的人工、材料和机械费用,也不包括除搅拌损耗外的施工操作损耗及超填量等。在编制混凝土工程概算单价时,应根据设计选定的不同工程部位的混凝土及砂浆的强度等级、级配和龄期确定出各组成材料的用量,进而计算出混凝土、砂浆材料单价。

根据每立方米混凝土、砂浆中各种材料预算用量分别乘以其材料预算价格,其总和即为定额项目表中混凝土、砂浆的材料单价。

2.6.1 材料用量的确定

2.6.1.1 确定混凝土、砂浆材料用量

混凝土半成品中各种材料的用量,应按本工程混凝土配合比试验资料并考虑施工损耗量加以确定。其中,水泥、砂、石预算用量应比配合比理论计算用量分别增加 2%、3%、4%。如无试验资料,可参照概算定额附录 7,确定各种材料的用量。

2.6.1.2 掺粉煤灰混凝土材料用量

概算定额中掺粉煤灰混凝土配合比的材料用量是按超量取代法(也称超量系数法)确定的,即按照与纯混凝土同稠度、等强度的原则,用超量取代法对纯混凝土中的材料用量进行调整,调整系数称为粉煤灰超量系数。按下列步骤计算:

(1)计算掺粉煤灰混凝土的水泥用量:

$$C = C_0(1 - f) \tag{2-61}$$

式中　C——掺粉煤灰混凝土的水泥用量,kg;

　　　C_0——与掺粉煤灰混凝土同稠度、等强度的纯混凝土水泥用量,kg;

　　　f——粉煤灰取代水泥百分率,即水泥节约量,其值可参考表 2-9 选取。

$$f = \left[(C_0 - C) \div C_0 \right] \times 100\% \tag{2-62}$$

表 2-9　粉煤灰取代水泥百分率(f)参考表

混凝土强度等级	普通硅酸盐水泥(%)	矿渣硅酸盐水泥(%)
≤C15	15~25	10~20
C20	10~15	10
C25~C30	15~20	10~15

注:1.32.5(R)水泥及以下取下限,42.5(R)水泥及以上取上限。C20 及以上混凝土宜采用 Ⅰ、Ⅱ级粉煤灰,C15 及以下素混凝土可采用 Ⅲ级粉煤灰。

2.粉煤灰等级按《水工混凝土掺用粉煤灰技术规范》标准划分。

（2）计算粉煤灰的掺量：

$$F = K(C_0 - C) \tag{2-63}$$

式中　F——粉煤灰的掺量，kg；

　　　K——粉煤灰取代（超量）系数，为粉煤灰的掺量与取代水泥节约量的比值，可按表2-10取值。

表2-10　粉煤灰取代（超量）系数表

粉煤灰级别	Ⅰ级	Ⅱ级	Ⅲ级
超量系数	1.0~1.4	1.2~1.7	1.5~2.0

（3）计算砂、石用量。

采用超量取代法计算的掺粉煤灰混凝土的灰量（水泥及粉煤灰总量）较纯混凝土的灰重大，增加的灰量为

$$\Delta C = C + F - C_0 \tag{2-64}$$

式中　ΔC——增加的灰量，kg。

按与纯混凝土容重相等的原则，掺粉煤灰混凝土砂、石总量应相应减少 ΔC，按含砂率相等的原则，则掺粉煤灰混凝土砂、石量分别按下式计算：

$$S \approx S_0 - \Delta C\, S_0/(S_0 + G_0) \tag{2-65}$$
$$G \approx G_0 - \Delta C\, G_0/(S_0 + G_0) \tag{2-66}$$

式中　S——掺粉煤灰混凝土砂量，kg；

　　　S_0——纯混凝土砂量，kg；

　　　G——掺粉煤灰混凝土石量，kg；

　　　G_0——纯混凝土石量，kg。

由于增加的灰量 ΔC 主要是代替细骨料砂填充粗骨料石的空隙，故简化计算时也可将增加的灰量 ΔC 全部从砂量中核减，石量不变。

（4）计算用水量：

$$\text{掺粉煤灰混凝土用水量 } W = \text{纯混凝土用水量 } W_0 \tag{2-67}$$

（5）计算外加剂用量。

外加剂用量 Y 可按掺粉煤灰混凝土的水泥用量 C 的 0.2%~0.3% 计算，概算定额取0.2%，即

$$Y = C \times 0.2\% \tag{2-68}$$

根据上述公式，可计算不同的超量系数 K 及不同的粉煤灰取代水泥百分率 f 时掺粉煤灰混凝土的材料用量。

【例2-8】　某C20三级配掺粉煤灰混凝土，水泥强度等级为42.5（R），水灰比为0.6，粉煤灰取代水泥百分率为12%，粉煤灰超量系数为1.30，求该混凝土的配合比材料用量。

解：

（1）计算掺粉煤灰混凝土水泥用量：

查概算定额附录7表7-7，C20三级配纯混凝土配合比材料用量为：42.5 水泥 C_0 = 218 kg，粗砂 S_0 =618 kg，卵石 G_0 = 1 627 kg，水 W_0 = 0.125 m³。因此，得：

$$C = C_0(1 - f) = 218 \times (1 - 12\%) = 192 (\text{kg})$$

（2）计算粉煤灰掺量：

$$F = K(C_0 - C) = 1.30 \times (218 - 192) = 34 (\text{kg})$$

（3）计算砂、石用量：

$$\Delta C = C + F - C_0 = 192 + 34 - 218 = 8 (\text{kg})$$

$$S \approx S_0 - \Delta C\, S_0/(S_0 + G_0) = 618 - 8 \times 618 \div (618 + 1\,627) = 616 (\text{kg})$$

$$G \approx G_0 - \Delta C\, G_0/(S_0 + G_0) = 1\,627 - 8 \times 1\,627 \div (618 + 1\,627) = 1\,621 (\text{kg})$$

（4）计算用水量：

$$W = W_0 = 0.125\ \text{m}^3$$

（5）计算外加剂用量：

$$Y = 192 \times 0.2\% = 0.38 (\text{kg})$$

2.6.2 编制混凝土、砂浆单价应注意的问题

（1）定额附录混凝土配合比表中的水泥用量是按机械拌和拟订的,若采用人工拌和,水泥用量应增加5%。当工程中采用的水泥强度等级与定额附录混凝土配合比表中不同时,应对配合比表中的水泥、粉煤灰用量进行调整,见表2-11。

表2-11　水泥强度等级与用量换算系数参考表

原水泥强度等级	代换水泥强度等级		
	32.5	42.5	52.5
32.5	1.00	0.86	0.76
42.5	1.16	1.00	0.88
52.5	1.31	1.13	1.00

（2）定额附录混凝土配合比表针对粗砂、卵石混凝土,当工程中采用中细砂或碎石混凝土时,须按表2-12系数换算。

表2-12　混凝土骨料换算系数表

项目	水泥	砂	石子	水
卵石换为碎石	1.10	1.10	1.06	1.10
粗砂换为中砂	1.07	0.98	0.98	1.07
粗砂换为细砂	1.10	0.96	0.97	1.10
粗砂换为特细砂	1.16	0.90	0.95	1.16

注:水泥按质量计,砂、石子、水按体积计。

　　若实际采用碎石及中细砂,则总的换算系数应为各单项换算系数的连乘积。

　　粉煤灰的换算系数同水泥的换算系数。

（3）大体积混凝土,为了节约水泥和温控的需要,常常采用埋块石混凝土。这时应将混凝土配合比表中的材料用量扣除埋块石实体的数量计算。

埋块石混凝土材料用量 = 配合比表中的材料用量 × (1 - 埋块石率)　（2-69）

其中,(1 - 埋块石率)称为材料用量调整系数,埋块石率(%)由施工组织设计确定。

埋块石混凝土应增加的人工工时数量见表2-13。

表2-13 埋块石混凝土浇筑定额增加的人工工时数量

埋块石率(%)	5	10	15	20
每100 m³ 块石混凝土增加人工工时	24.0	32.0	42.4	56.8

注:表列工时不包括块石运输及影响浇筑的工时。

进行工程单价计算时,埋块石混凝土用量一般分成"混凝土"与"块石(以码方计)"材料两项,两者的用量均可由埋块石率求得。

每100 m³ 块石混凝土中混凝土用量 = 1 - 埋块石率(%)

每100 m³ 块石混凝土中块石用量 = 埋块石率(%) × 1.67(m³ 码方)

块石折方系数:1 m³ 实体方 = 1.67 m³ 码方

上述调整后的混凝土,其基价仍用未埋块石的混凝土基价。"块石"在浇筑定额中的计量单位以码方计,相应块石开采、运输单价的计量单位亦以码方计。

(4)按照国际标准(ISO 3893)的规定,且为了与其他规范相协调,将原规范混凝土及砂浆标号的名称改为混凝土及砂浆强度等级。混凝土强度等级与原标号对照见表2-14和表2-15。

表2-14 混凝土强度等级与原标号对照表

原标号(kgf/cm²)	100	150	200	250	300	350	400
强度等级 C	C9	C14	C19	C24	C29.5	C35	C40

表2-15 砂浆强度等级与原标号对照表

原标号(kgf/cm²)	30	50	75	100	125	150	200	250	300	350	400
强度等级 M	M3	M5	M7.5	M10	M12.5	M15	M20	M25	M30	M35	M40

(5)现浇水泥混凝土强度等级的选取,应根据设计对不同水工建筑物的不同运用要求,尽可能利用混凝土的后期强度(60 d、90 d、180 d、360 d),以降低混凝土强度等级,节省水泥用量。现行定额中,不同混凝土配合比所对应的混凝土强度等级均以28 d 龄期的抗压强度为准,如设计龄期超过28 d,应进行换算。各龄期强度等级换算为28 d 龄期强度等级的换算系数见表2-16。当换算结果介于两种强度等级之间时,应选用高一级的强度等级。某大坝混凝土采用180 d 龄期设计强度等级为C20,则换算为28 d 龄期时对应的混凝土强度等级为:C20 × 0.71 ≈ C14,其结果介于C10 与 C15 之间,则混凝土的强度等级取 C15。

表2-16 混凝土龄期与强度等级换算系数

设计龄期(d)	28	60	90	180	360
强度等级换算系数	1.00	0.83	0.77	0.71	0.65

2.6.3 混凝土、砂浆材料单价

混凝土、砂浆材料单价可按下式计算:

$$混凝土材料单价 = \sum 1 \text{ m}^3 \text{ 混凝土材料用量} \times 材料的预算价格 \qquad (2-70)$$

$$砂浆材料单价 = \sum 1 \text{ m}^3 \text{ 砂浆材料用量} \times 材料的预算价格 \qquad (2-71)$$

【例 2-9】 计算 C25 混凝土、42.5 级普通硅酸盐水泥二级配材料单价。已知:42.5 级普通硅酸盐水泥 340 元/t,中砂 35 元/m³,碎石(综合)45 元/m³,水 0.50 元/m³。

解: 查水利部《水利建筑工程概算定额》附录 7 表 7-15,可知 C25 混凝土、42.5 级普通硅酸盐水泥二级配每立方米混凝土材料配合比:42.5 级普通硅酸盐水泥 289 kg,粗砂 733 kg(0.49 m³),卵石 1 382 kg(0.81 m³),水 0.15 m³。实际采用的是碎石和中砂,应按表 2-10 中的系数进行换算。

$$\begin{aligned} 换算后的混凝土配比单价 &= 289 \times 0.34 \times 1.10 \times 1.07 + 0.49 \times 35 \times 1.10 \times 0.98 \\ &\quad + 0.81 \times 45 \times 1.06 \times 0.98 + 0.15 \times 0.50 \times 1.10 \\ &\quad \times 1.07 = 172.09 \text{ (元/m}^3) \end{aligned}$$

【例 2-10】 某排涝闸工程护底采用 M7.5 浆砌块石施工,已知:砂 40 元/m³,32.5 级普通硅酸盐水泥 300 元/t,施工用水 0.50 元/m³。试计算该工程 M7.5 砂浆材料单价。

解: 查水利部《水利建筑工程概算定额》附录 7 表 7-15,可知 M7.5 砌筑砂浆每立方米配合比:32.5 级普通硅酸盐水泥 261.00 kg,砂 1.11 m³,水 0.157 m³。

$$M7.5 \text{ 砂浆材料单价} = 261.00 \times 0.3 + 1.11 \times 40 + 0.157 \times 0.50 = 122.78 \text{ (元/m}^3)$$

习 题

1. 某城市水利工程位于九类工资区,无地区津贴,养老保险费率取 15%,住房公积金费率取 5%。按水利部现行规定分别计算中级工和初级工的人工预算单价。

2. 某大型城市水利枢纽工程位于七类工资区,经国家物价部门批准的地区津贴为 30 元/月,地方政府规定的特殊地区补贴为 25 元/月,按水利部现行规定计算中级工的人工预算单价(假设养老保险费率为 18%,住房公积金费率为 5%)。

3. 某水利工程用 42.5 级普通硅酸盐水泥,资料如表 2-17 所示,试计算该种水泥的预算价格。

表 2-17 某水利工程预算资料

指标	甲厂	乙厂
供应比例(%)	30	70
出厂价(元/t)	400	350
厂家至工地距离(km)	100	120
吨千米运价(元)	0.53	0.53
装卸费小计(元/t)	15.0	15.0
材料运输保险费率(%)	0.4	0.4

4. 某城市水利工程施工用电,90%由电网供电,10%由自备柴油机发电。已知电网电价为 0.50 元/kWh,电力建设基金 0.04 元/kWh,三峡建设基金 0.007 元/kWh,柴油发电机总容量为 1 000 kW(其中 200 kW 1 台,台时费为 160 元/台时;400 kW 2 台,台时费为 268 元/台时;自设 3 台水泵供冷却水,台时费为 13.2 元/台时)。试计算综合电价。

已知:高压输电线路损耗率为 6%,变配电设备及配电线路损耗率为 8%,供电设施维修摊销费为 0.03 元/kWh,发电机出力系数取 0.8,厂用电率取 5%。

5. 某工程施工用风由总容量 200 m³/min 的压缩空气系统供给,共配置固定式空压机 7 台,其中 20 m³/min 4 台,40 m³/min 3 台,采用循环水冷却。本工程用风供风管道较长,损耗率与维修摊销费应取大值。已知 40 m³/min 与 20 m³/min 的空压机台时费分别为 161.12 元/台时和 85.19 元/台时,空压机出力系数取 0.8,供风设施维修摊销费取 0.003 元/m³,供风损耗率取 12%,试计算风价。

6. 施工机械台时费由哪几部分费用构成? 如何计算施工机械台时费?

第3章 工程单价分析

本章的教学重点及教学要求：

教学重点：

(1)建筑工程概算单价的编制方法；

(2)使用定额的注意事项。

教学要求：

(1)了解建筑工程概算编制依据和编制步骤；

(2)掌握建筑工程概算单价的组成与计算；

(3)掌握土方工程、砌石工程、混凝土工程、模板工程、基础处理工程、安装工程的概预算单价编制方法及使用定额的注意事项。

　　水利建筑工程项目较多,例如排涝泵站、节制闸、水库、渠道、土石坝、船闸等,同时也比较复杂。但就其工程内容和工种类别而言,都有其共同点,它的内容包括土石方工程、混凝土浇筑工程、模板工程、钻孔灌浆及锚固工程、其他建筑工程等,这就为我们编制城市水利建筑与安装工程单价(简称工程单价)提供了可遵循的一般规律。

3.1 工程单价的概念

　　工程单价是指完成单位工程量(如1 t、1 m³、100 m³、1 台等)所耗用的直接工程费、间接费、企业利润、税金四部分费用的总和。工程单价是建筑产品特有的概念。由于工程概况、材料来源、施工方法等条件的不同,建筑与安装工程产品价格也不会相同,所以无法对建筑与安装工程产品作统一定价。然而,不同的建筑与安装工程产品可分解为比较简单而彼此相同的基本构成要素(如分部、分项工程),对相同的基本构成要素可统一规定消耗定额和计价标准。因此,确定建筑与安装工程的价格,必须先确定基本构成要素的费用。

　　工程单价由"量"、"价"、"费"三要素组成。"量"是为完成单位基本构成要素所需的人工、材料及机械使用数量,可通过查定额等方法确定;"价"是各自的基础单价;"费"是指其他直接费、现场经费、间接费、企业利润和税金等,按取费标准确定。各个"量"与各自对应的"价"的乘积之和构成直接费,直接费与各项取"费"之和即构成建筑与安装工程单价,这个过程称为工程单价编制或工程单价分析。

3.2 建筑工程单价编制

3.2.1 建筑工程单价的组成和计算

　　建筑工程单价由直接工程费、间接费、企业利润和税金四部分组成。

3.2.1.1 直接工程费

直接工程费指建筑工程施工过程中直接消耗在工程项目上的活劳动和物化劳动。由直接费、其他直接费、现场经费组成。

1. 直接费

包括人工费、材料费、施工机械使用费。

(1)人工费：指按现行《水利建筑工程概算定额》子目所需的全部人工数乘以人工预算单价计算得出的费用。

$$人工费 = \sum 定额劳动量（工时）\times 人工预算单价（元/工时） \tag{3-1}$$

(2)材料费：由主要材料费和其他材料费或零星材料费组成。

主要材料费，指按现行《水利建筑工程概算定额》子目所需主要材料、构件、半成品及周转使用材料摊销量等的全部耗用量乘以相应材料预算价格计算得出的费用。

$$主要材料费 = \sum 定额主要材料用量 \times 材料预算价格 \tag{3-2}$$

其他材料费或零星材料费在定额中均以费率表示，其计算基数如下：其他材料费以主要材料费之和为计算基数；零星材料费以人工费、机械费之和为计算基数。即

$$其他材料费 = 主要材料费 \times 其他材料费费率 \tag{3-3}$$

$$零星材料费 = （人工费 + 机械费）\times 零星材料费费率 \tag{3-4}$$

(3)施工机械使用费：由主要施工机械使用费和其他机械使用费组成。

主要施工机械使用费，按现行《水利建筑工程概算定额》子目所需主要施工机械的台（组）时数量乘以相应台时费。

$$主要机械使用费 = \sum 定额主要机械使用量（台时）\times 施工机械台时费（元/台时） \tag{3-5}$$

其他机械使用费在定额中以费率表示，其他机械使用费以主要机械使用费之和为计算基数。即

$$其他机械使用费 = 主要机械使用费 \times 其他机械使用费费率（\%） \tag{3-6}$$

2. 其他直接费

指为完成建筑工程的单位工程量，按现行规定应计入概算单价的冬雨季施工增加费、夜间施工增加费、特殊地区施工增加费及其他费用。均按建筑工程直接费的百分率计算。

$$其他直接费 = 直接费 \times 其他直接费费率之和 \tag{3-7}$$

根据水利部《水利工程设计概（估）算编制规定》，其他直接费费率标准如下：

(1)冬雨季施工增加费：根据工程所在的不同地区选取。

西南、中南、华东区：0.5% ~ 1.0%；

华北区：1.0% ~ 2.5%；

西北、东北区：2.5% ~ 4.0%。

西南、中南、华东区，按规定不计冬季施工增加费的地区取小值，计算冬季施工增加费的地区可取大值；华北区中，内蒙古等较严寒地区可取大值，其他地区取中值或小值；西北、东北区中，陕西、甘肃等省取小值，其他地区可取中值或大值。

(2)夜间施工增加费：建筑工程取0.5%，安装工程取0.7%。

照明线路工程费用包括在"临时设施费"中；施工附属企业系统、加工厂、车间的照明列入相应的产品中，均不包括在本项费用之内。

（3）特殊地区施工增加费：指在高海拔和原始森林等特殊地区施工而增加的费用。其中，高海拔地区的高程增加费按规定直接进入定额；其他特殊增加费（如酷热、风沙）应按工程所在地规定的标准计算，地方没有规定的不得计算此项费用。

（4）其他：建筑工程取 1.0% ，安装工程取 1.5% 。

3．现场经费

指为完成建筑工程的单位工程量，按现行规定应计入概算单价的临时设施费和现场管理费。均按建筑工程直接费的百分率计算。

$$现场经费 = 直接费 \times 现场经费费率之和 \tag{3-8}$$

根据水利部现行规定，现场经费费率的取费标准见表 3-1 和表 3-2。

表 3-1　枢纽工程现场经费费率表

序号	工程类别	计算基础	现场经费费率（%）		
			合计	临时设施费	现场管理费
一	建筑工程				
1	土石方工程	直接费	9	4	5
2	砂石备料工程（自采）	直接费	2	0.5	1.5
3	模板工程	直接费	8	4	4
4	混凝土浇筑工程	直接费	8	4	4
5	钻孔灌浆及锚固工程	直接费	7	3	4
6	其他工程	直接费	7	3	4
二	机电、金属设备安装工程	人工费	45	20	25

表 3-2　引水工程及河道工程现场经费费率表

序号	工程类别	计算基础	现场经费费率（%）		
			合计	临时设施费	现场管理费
一	建筑工程				
1	土方工程	直接费	4	2	2
2	石方工程	直接费	6	2	4
3	模板工程	直接费	6	3	3
4	混凝土浇筑工程	直接费	6	3	3
5	钻孔灌浆及锚固工程	直接费	7	3	4
6	疏浚工程	直接费	5	2	3
7	其他工程	直接费	5	2	3
二	机电、金属设备安装工程	人工费	45	20	25

3.2.1.2　间接费

间接费是按现行规定需计入概算单价的项目，包括施工企业为组织施工生产经营活动所发生的管理费用、为筹集资金而发生的财务费用及其他费用。

$$间接费 = 直接工程费 \times 间接费费率 \tag{3-9}$$

根据工程性质不同，间接费标准分为枢纽工程、引水工程及河道工程两部分标准。对于有些施工条件复杂、大型建筑物较多的引水工程可执行枢纽工程的费率标准。间接费费率标准见表 3-3 和表 3-4。

表3-3　枢纽工程间接费费率表

序号	工 程 类 别	计 算 基 础	间接费费率(%)
一	建筑工程		
1	土石方工程	直接工程费	9(8)
2	砂石备料工程(自采)	直接工程费	6
3	模板工程	直接工程费	6
4	混凝土浇筑工程	直接工程费	5
5	钻孔灌浆及锚固工程	直接工程费	7
6	其他工程	直接工程费	7
二	机电、金属设备安装工程	人工费	50

注:1. 工程类别划分同现场经费。

　　2. 若土石方填筑等工程项目所利用原料为已计取现场经费、间接费、企业利润和税金的砂石料,则其间接费费率选取括号中数值。

表3-4　引水工程及河道工程间接费费率表

序号	工 程 类 别	计 算 基 础	间接费费率(%)
一	建筑工程		
1	土方工程	直接工程费	4
2	石方工程	直接工程费	6
3	模板工程	直接工程费	6
4	混凝土浇筑工程	直接工程费	4
5	钻孔灌浆及锚固工程	直接工程费	7
6	疏浚工程	直接工程费	5
7	其他工程	直接工程费	5
二	机电、金属设备安装工程	人工费	50

注:1. 工程类别划分同现场经费。

　　2. 若工程自采砂石料,则费率标准同枢纽工程。

3.2.1.3　企业利润

指按现行规定需计入建筑工程单价中的利润。均按直接工程费与间接费之和的7%计算,即

$$企业利润 = (直接工程费 + 间接费) \times 企业利润率(7\%) \tag{3-10}$$

3.2.1.4　税金

指按国家税法规定应计入建筑工程费用中的营业税、城市维护建设税和教育费附加等,即

$$税金 = (直接工程费 + 间接费 + 企业利润) \times 税率 \tag{3-11}$$

若安装工程中含未计价装置性材料费,则计算税金时应计入未计价装置性材料费。

税金的税率标准:

建设项目在市区的:3.41%;建设项目在县城镇的:3.35%;建设项目在市区或县城镇以外的:3.22%。

3.2.2 建筑工程单价编制原则、计算程序和编制步骤

3.2.2.1 编制原则

(1)严格执行《水利工程设计概(估)算编制规定》(水利部水总〔2002〕116 号文)。

(2)正确选用现行定额:现行使用的定额为部颁〔2002〕《水利建筑工程概算定额》、部颁〔2002〕《水利建筑工程预算定额》、部颁〔2002〕《水利工程施工机械台时费定额》。

(3)正确套用定额子目:必须熟悉定额的总说明、章节说明、定额表附注及附录的内容;熟悉各定额子目的适用范围、工作内容及有关定额系数的使用方法。根据施工组织设计确定的施工技术方案,套用相应的定额子目。

(4)现行《水利建筑工程概算定额》中,已按现行施工规范和有关规定,计入了不构成建筑工程单位实体的各种施工操作损耗、允许超挖及超填量、合理的施工附加量及体积变化等所需增加的人工、材料及机械台时消耗量,编制工程概算时,应一律按设计几何轮廓尺寸计算的工程量。

(5)现行《水利建筑工程概算定额》中没有的工程项目,可编制补充定额;对于非水利水电专业工程,按照专业专用的原则,执行有关专业相应的定额,但费用标准仍执行水利部现行取费标准。

(6)使用现行《水利建筑工程概算定额》编制建筑工程概算单价时,除定额中规定允许调整外,均不得对定额中的人工、材料、施工机械台时数量及施工机械的名称、规格、型号进行调整。

3.2.2.2 计算程序

建筑工程单价编制的计算程序见表3-5。

表 3-5 建筑工程单价编制的计算程序表

序号	名称及规格	计算方法
一	直接工程费	(一)+(二)+(三)
(一)	直接费	1+2+3
1	人工费	∑定额劳动量(工时)×人工预算单价(元/工时)
2	材料费	∑定额材料用量×材料预算单价
3	施工机械使用费	∑定额机械使用量(台时)×施工机械台时费(元/台时)
(二)	其他直接费	(一)×其他直接费费率之和
(三)	现场经费	(一)×现场经费费率之和
二	间接费	一×间接费费率
三	企业利润	(一+二)×企业利润率
四	税金	(一+二+三)×税率
五	砂石材料差价	∑(定额砂石材料用量×材料差价)×(1+税率)
	合计	一+二+三+四+五

3.2.2.3 编制步骤

(1)收集基本资料,熟悉设计图纸。

编制工程单价要对工程情况进行充分了解。首先,要熟悉设计图纸,将工程项目内容、工程部位搞清楚,了解设计意图;其次,要深入工程现场了解工程现场情况,收集与工程单价有关的基础或基本资料;再次,还要对施工组织设计(包括施工导流等主要施工技术措施)进行充分研究,了解施工方法、措施、运输距离、机械设备、劳动力配备等情况,以便正确合理地编制工程单价。

(2)根据施工组织设计确定的施工方法,结合工程特征、施工条件、施工工艺和设备配备情况,正确选用定额子目。

(3)用本工程人工、材料、机械等的基础单价分别乘以各对应的消耗量,将计算所得的人工费、材料费、机械使用费相加得直接费单价。

(4)根据直接费单价和各项费用标准计算其他直接费、现场经费、间接费、企业利润和税金,汇总求得工程单价。

(5)工料分析。

工料分析即工时、材料用量分析计算,它是编制施工组织设计的主要依据之一,也是施工单位编制投标报价和施工计划的依据。工时、材料用量是按照完成单位工程量所需的人工、材料用量乘以相应工程总量而计算出来的。

3.3 土方工程单价编制

3.3.1 定额选用和项目划分

土方工程包括土方开挖、运输、压实及堤坝、心(斜)墙土料填筑等,编制其单价要根据工程的开挖尺寸(或填筑部位)、土质类别、施工方法和运距等划分项目并正确地选用定额子目。在项目划分上,施工图预算应比概算尽可能细些,对不同开挖尺寸、不同土质和不同施工方法的土方工程均应分别列项计算单价。

3.3.2 使用定额时的注意事项

(1)定额的计量单位。定额中使用的计量单位有自然方、实方和松方,三者之间的相互换算系数见表3-6。

表3-6 土石方换算系数

项目	自然方	松方	实方	码方
土方	1	1.33	0.85	
石方	1	1.53	1.31	
砂方	1	1.07	0.94	
混合料	1	1.19	0.88	
块石	1	1.75	1.43	1.67

自然方:指未经扰动的自然状态的土方。

松方:指自然方经人工或机械开挖而松动过的土方。

实方:指填筑(回填)并经过压实过的成品方。

土方定额的计量单位,除注明外,均按自然方计算。

(2)土类级别划分,除冻土外,均按土石十六级分类法的前四级划分土类级别。详见概(预)算定额(下册)中的附录2,一般工程土类分级表。

(3)土方开挖和填筑工程,除定额规定的工作内容外,还包括挖小排水沟、修坡、清除场地草皮杂物、交通指挥、安全设施及取土场和卸土场的小路修筑与维护等工作。

(4)机械定额中,凡一种机械名称之后同时并列几种型号规格的,如压实机械中的羊足碾、运输定额中的自卸汽车等,表示这种机械只能选用其中一种型号规格的机械定额进行计价。凡一种机械分几种型号规格与机械名称同时并列的,表示这些名称相同规格不同的机械定额都应同时进行计价。

(5)挖掘机及装载机挖装土自卸汽车运输定额,根据不同运距,定额选用及计算方法如下:

①运距小于5 km,且又是整数运距时,如1 km、2 km、3 km,直接按表中定额子目选用。若遇到0.6 km、1.5 km、3.4 km、4.3 km,采用内插法计算其定额值。计算公式如下:

$$A = B + \left[(C - B)(a - b) \div (c - b) \right]$$

式中　A——所求定额值;

　　　B——小于 A 而接近 A 的定额值;

　　　C——大于 A 而接近 A 的定额值;

　　　a——A 项定额值;

　　　b——B 项定额值;

　　　c——C 项定额值。

如:运距0.6 km 定额值 =1 km 定额值 – (2 km 定额值 –1 km 定额值) ×(1 –0.6)

②运距5~10 km 时:

定额值 =5 km 定额值 + (运距 –5) ×增运 1 km 定额值

③运距大于 10 km 时:

定额值 =5 km 定额值 +5 ×增运 1 km 定额值 + (运距 –10)

×增运 1 km 定额值×0.75

(6)挖掘机定额均按液压挖掘机拟订。预算定额中挖掘机、斗轮挖掘机或装载机挖装土、自卸汽车运输各节,适应于Ⅲ类土,Ⅰ、Ⅱ类土定额人工、机械乘以系数 0.91,Ⅳ类土定额人工、机械乘以系数 1.09。概算定额是按土的级别划分的,不用调整。

(7)挖掘机、装载机挖装土自卸汽车运输定额,是按挖装自然方拟订的。当挖装松土时,其人工及挖装机械乘以系数 0.85。推土机的推土距离和铲运机的铲运距离是指取土中心至卸土中心的平均距离,推土机推松土时,定额乘以系数 0.8。

3.3.3　土方工程单价

影响土方工程单价的主要因素有土的级别、取(运)土距离、施工方法、施工条件等。一般情况下,土的级别越高,开挖的难度越大,工效越低,相应单价越高。因此,正确确定这些参数是编制好土方工程单价的关键。

3.3.3.1　土方开挖、运输单价

编制土方开挖单价时,应根据设计开挖方案,考虑影响开挖的因素,选择相应定额子目。土方工程开挖形状有沟、渠、柱坑等,其断面越小,深度越深,对施工工效的影响就越大。

土方开挖中的弃土一般都有运输要求,因此需编制挖运综合单价。土方工程定额中编制了大量的挖运综合子目,可直接套用开挖和装运定额计算直接费,再将其合并计算综合单价。合理的运输距离应为挖土区的平面中心位置至弃土区(堆土区)的中心位置的距离。

土方工程单价计算按照挖、运不同施工工序,既可采用综合定额计算法,也可采用综合单价计算法。

所谓综合定额计算法,就是先将选定的挖、运不同定额子目进行综合,得到一个挖、运综合定额,而后根据综合定额进行单价计算。所谓综合单价计算法,就是按照不同的施工工序选取不同的定额子目,然后计算出不同工序的分项单价,最后将各工序单价进行综合。

可根据工程的具体情况灵活使用以上两种计算方法。当某道工序重复较多时,可采用综合单价计算法,这样可以避免每次计算该道工序单价的重复性。如挖土定额相同,只是运输定额不同,这样就可以计算一个挖土单价,而得到不同的挖、运单价。采用综合定额计算单价优点比较突出,由于其人工、材料、机械使用数量都是综合用量,这对以后进行工料分析计算带来很大方便。

【例3-1】　华东地区某市郊污水处理泵站工程,其基础土方为Ⅲ类土,开挖采用1 m³挖掘机挖装土10 t自卸汽车运4.3 km弃料,试计算土方开挖单价。

解:

第一步:分析基本资料,确定取费费率。由题意得知该工程地处华东地区某市郊,泵站的工程性质属于枢纽工程,故其他直接费费率取2.5%,现场经费费率取9%,间接费费率取9%,企业利润率为7%,税率取3.41%。

第二步:定额分析。根据工程特征和施工组织设计确定的施工条件、施工方法、土类级别及采用的机械设备情况,查水利部〔2002〕《水利建筑工程概算定额》,定额如表3-7所示。

第三步:汽车运距4.3 km,介于定额子目10625与10626之间,则需采用内插法计算。由定额内容可知,除汽车台时定额数量两定额子目不一样外,其余都一样,故只需对汽车台时定额数量进行内插法计算。10 t自卸汽车运距4.3 km定额值:

$$10.96 + (12.36 - 10.96) \div (5 - 4) \times (4.3 - 4) = 11.38(台时)$$

表3-7 1 m³挖掘机挖土自卸汽车运输(Ⅲ类土)　　　(单位:100 m³)

项　目	单位	运　距（km）					增运
		1	2	3	4	5	1 km
工长	工时						
高级工	工时						
中级工	工时						
初级工	工时	7.0	7.0	7.0	7.0	7.0	
合计	工时	7.0	7.0	7.0	7.0	7.0	
零星材料费	%	4	4	4	4	4	
挖掘机　液压1 m³	台时	1.04	1.04	1.04	1.04	1.04	
推土机　59 kW	台时	0.52	0.52	0.52	0.52	0.52	
自卸汽车　5 t	台时	10.23	13.39	16.30	19.05	21.68	2.42
8 t	台时	6.76	8.74	10.56	12.28	13.92	1.52
10 t	台时	6.29	7.97	9.51	10.96	12.36	1.28
编　　号		10622	10623	10624	10625	10626	10627

这里需注意:自卸汽车定额类型为一种名称后列不同型号规格,因此只能选用其中的一种计价。本例中选用10 t自卸汽车的定额。

第四步:计算基础单价。用第2章基础单价的编制方法,计算出初级工的人工预算单价为3.04元/工时;机械台时费:1 m³液压挖掘机155.92元/台时,59 kW推土机81.48元/台时,10 t自卸汽车112.26元/台时。

第五步:将定额中查出的人工、材料、机械台时消耗量填入表3-8的数量栏中。将相应的人工预算单价、材料预算价格和机械台时费填入表3-8的单价栏中。按"数量×单价"得出相应的人工费、材料费和机械使用费并填入合价栏中,相加得出直接费。

第六步:根据已取定的各项费率,计算出其他直接费、现场经费、间接费、企业利润、税金等,汇总后即得出该工程项目的工程单价。

土方挖运单价计算见表3-8,计算结果为20.94元/m³。

表3-8 建筑工程单价分析表

定额编号:10625,10626　　　土方开挖运输　　　（单位:100 m³（自然方））

施工方法:1 m³挖掘机挖装土10 t自卸汽车运4.3 km弃料

序号	名称及规格	单位	数量	单价(元)	合价(元)
一	直接工程费				1 736.02
（一）	直接费				1 556.97
1	人工费				21.28

序号	名称及规格	单位	数量	单价(元)	合价(元)
（1）	工长	工时		7.11	
（2）	高级工	工时		6.61	
（3）	中级工	工时		5.62	
（4）	初级工	工时	7	3.04	21.28
2	材料费				59.88
（1）	零星材料费	%	4	1 497.09	59.88
3	机械使用费				1 475.81
（1）	挖掘机 1 m³	台时	1.00	155.92	155.92
（2）	推土机 59 kW	台时	0.52	81.48	42.37
（3）	自卸汽车 10 t	台时	11.38	112.26	1 277.52
（二）	其他直接费	%	2.5	1 556.97	38.92
（三）	现场经费	%	9	1 556.97	140.13
二	间接费	%	9	1 736.02	156.24
三	企业利润	%	7	1 892.26	132.46
四	税金	%	3.41	2 024.72	69.04
	合计				2 093.76

3.3.3.2 土方填筑单价

土方回填压实施工程序一般包括料场覆盖层清除、土料翻晒、土料开挖运输和铺土压实等工序。

料场覆盖层清除:根据填筑土料的质量要求,料场表层覆盖的杂草、乱石、树根及不合格的表层土等必须予以清除,以确保土方的填筑质量。

土料翻晒:若土区土料含水量偏大,不能直接用于填筑施工,则在料场必须先行犁耙翻晒,必要时堆置土牛以备填筑用料。

土料开挖运输:土料开挖运输方式一般有人力挖运、铲运机铲运、推土机推运、挖掘机或装载机配合自卸汽车运输、胶带输送机输送等。应根据具体工程规模、施工条件拟订合理的施工方案,以提高机械生产效率,降低土料成本。

铺土压实:指将卸料后松散土经过一定的夯实工序,使其达到设计要求的干容重指标的过程。

土方填料单价与上述工序相对应,一般包括覆盖层清除摊销费、土料翻晒单价、土料开挖运输单价、土方压实单价四部分。具体组成内容应根据施工组织设计确定的施工因素来选择。

在计算土方填筑单价时,应注意定额单位的统一,如开挖运输定额为 100 m³ 自然方,压实定额为 100 m³ 实方。

土方填筑压实单价计算过程如下。

1. 覆盖层清除摊销费

料场覆盖层清除费用按清除量乘以清除单价计算。覆盖层清除摊销费就是将其清除费用摊入填筑设计成品方中，即单位设计成品方应摊入的清除费用。可用下式计算：

$$覆盖层清除摊销费 = 覆盖层清除总费用 \div 设计成品方量$$
$$= 清除量 \times 清除单价 \div 设计成品方量 \qquad (3-12)$$
$$= 清除单价 \times 覆盖层清除摊销率$$

$$覆盖层清除摊销率 = 覆盖层清除量 \div 设计成品方量(实方) \qquad (3-13)$$

覆盖层清除摊销费也可按下式计算：

$$覆盖层清除摊销费 = 覆盖层清除单价 \times 清除量 \times (1 + A) \times 设计干密度$$
$$\div [设计利用量(自然方) \times 天然干密度] \qquad (3-14)$$

式中　A——综合系数(%)，包括开挖、上坝运输、雨后清理、边坡削坡、接缝削坡、施工沉陷、取土坑、试验坑和不可避免的压坏等损耗因素，按预算定额总说明的规定选取。

2. 土料翻晒单价(预算定额)

若土区自然含水量大，需在料场翻晒堆存，则按施工程序增加翻晒工序。翻晒施工分人工施工和机械施工，计算单价时，按选定的施工方法套用相应的定额计算其单价。

3. 土料开挖运输单价

计算方法同前。

4. 土方压实单价

按设计提供的干密度要求、土质类别以及不同的施工方法，选用相应的压实定额。压实定额单位为 100 m³ 实方，主要工作内容包括平土、晒水、刨毛、碾压、削坡及坝面各种辅助工作。压实定额按自料场直接运输上坝与自成品供料场运输上坝两种情况分别编制，根据施工组织设计方案采用相应的定额子目。如为非土堤、坝的一般土料，其人工、机械定额乘以系数 0.8。

机械压实综合定额还包括土料的开挖运输，计算方法同土方开挖运输单价。

5. 土方填筑综合单价

土方填筑综合单价由若干个分项工序单价组成。

编制概算单价时，概算填筑定额中土料运输量已算好，列在定额最后一行。土石坝物料压实定额中已计入超填量及施工附加量，并考虑坝面干扰因素；土石坝物料运输量包括超填及附加量，雨后清理、削坡、施工沉陷等损耗以及物料折实因素等。计算概算单价时，可根据定额所列物料运输数量采用概算定额相关子目计算物料运输上坝费用，并乘以坝面施工干扰系数 1.02。

编制预算单价时，压实工序以前的施工工序定额或单价(开挖运输单价、翻晒单价)都要乘以综合折实系数，即

$$综合折实系数 = (1 + A) \times 设计干密度/天然干密度 \qquad (3-15)$$

则：

$$土方填筑综合单价 = 覆盖层清除单价 \times 摊销率$$
$$+ (翻晒单价 \times 翻晒比例 + 挖运单价)$$
$$\times 综合折实系数 + 压实单价 \qquad (3-16)$$

翻晒比例可根据设计翻晒量占设计开采量的百分比来计算。

【例3-2】 安徽省合肥市大房郢水库工程,主坝土方填料自料场直接运输上坝,施工工艺流程如下:覆盖层清除→土料翻晒→土料运输上坝→压实。

基本资料:土方为Ⅲ类土,设计填筑量100万 m³,覆盖层清除量5万 m³,土料翻晒占设计开采量比例为30%,设计干密度16.5 kN/m³,土料天然干密度14.5 kN/m³。

施工方法:覆盖层清除采用74 kW推土机推运50 m弃料,土料翻晒采用拖拉机带三铧犁和缺口耙犁土、翻晒,1 m³挖掘机挖装土10 t自卸汽车运4.3 km上坝。

人工预算单价及取费费率同例2-1中土方挖运单价。试计算土方综合单价。

解:根据施工因素,查概算定额相应子目,各工序单价计算如表3-9~表3-11所示。主要施工机械台时费计算见表3-12(柴油5.2元/kg,电1元/kWh)。

计算结果:覆盖层清除单价每自然方4.39元,土料翻晒单价每自然方6.18元,土料挖运单价每自然方20.94元(表3-8),压实单价每实方4.84元。

覆盖层清除摊销率 = 5÷100 = 5%,坝面施工干扰系数为1.02,则:

$$土方综合单价 = 4.39 \times 5\% + (6.18 \times 30\% + 20.94 \times 1.02) \times 1.26 + 4.84$$
$$= 34.31(元/实方)$$

表3-9 建筑工程单价分析表

定额编号:10517,10518　　　　　　覆盖层清除　　　　　　(单位:100 m³)

施工方法:74 kW推土机推Ⅲ类土,运50 m弃料

序号	名称及规格	单位	数量	单价(元)	合价(元)
一	直接工程费				364.06
(一)	直接费				326.51
1	人工费(初级工)	工时	3.2	3.04	9.73
2	材料费(零星材料费)	%	10	296.83	29.68
3	机械使用费				287.10
(1)	74 kW推土机	台时	2.58	111.28	287.10
(二)	其他直接费	%	2.5	326.51	8.16
(三)	现场经费	%	9	326.51	29.39
二	间接费	%	9	364.06	32.77
三	企业利润	%	7	396.83	27.78
四	税金	%	3.41	424.61	14.48
	合计				439.09

表 3-10 建筑工程单价分析表

定额编号：参考预算 10463　　　　　　　土料翻晒　　　　　　　（定额单位：100 m³）

施工方法：犁土、耙碎、翻晒、拢堆集料

序号	名称及规格	单位	数量	单价（元）	合价（元）
一	直接工程费				512.78
（一）	直接费				459.89
1	人工费				97.89
	初级工	工时	32.20	3.04	97.89
2	材料费				21.90
	零星材料费	%	5.00	437.99	21.90
3	机械使用费				340.10
（1）	三铧犁	台时	0.95	1.87	1.78
（2）	59 kW 拖拉机	台时	0.95	67.48	64.11
（3）	缺口耙	台时	1.90	2.29	4.35
（4）	55 kW 拖拉机	台时	1.90	60.55	115.05
（5）	59 kW 推土机	台时	1.90	81.48	154.81
（二）	其他直接费	%	2.5	459.89	11.50
（三）	现场经费	%	9	459.89	41.39
二	间接费	%	9	512.78	46.15
三	企业利润	%	7	558.93	39.13
四	税金	%	3.41	598.06	20.39
	合计				618.45

表 3-11 建筑工程单价分析表

定额编号：30077　　　　　　　羊脚碾压实　　　　　　　（定额单位：100 m³ 实方）

施工方法：羊脚碾压实

序号	名称及规格	单位	数量	单价（元）	合价（元）
一	直接工程费				401.18
（一）	直接费				359.80
1	人工费				81.47
	初级工	工时	26.80	3.04	81.47
2	材料费				32.71
	零星材料费	%	10.00	327.09	32.71

编号	名称及规格	单位	数量	单价(元)	合价(元)
3	机械使用费				245.62
(1)	5～7 t 羊脚碾	台时	1.81	2.33	4.22
(2)	59 kW 拖拉机	台时	1.81	67.48	122.14
(3)	74 kW 推土机	台时	0.55	111.28	61.20
(4)	2.8 kW 蛙式打夯机	台时	1.09	13.92	16.26
(5)	刨毛机	台时	0.55	71.59	39.37
(6)	其他机械费	%	1.00	243.19	2.43
(二)	其他直接费	%	2.50	359.80	9.00
(三)	现场经费	%	9.00	359.80	32.38
二	间接费	%	9.00	401.18	36.11
三	企业利润	%	7.00	437.29	30.61
四	税金	%	3.41	467.90	15.96
	合计				483.86

表 3-12 主要施工机械台时费计算表

定额编号	机械名称及规格	台时费(元)	一类费用(元)	二类费用(元)							
				人工		汽油		柴油		其他	
				定额	费用	定额	费用	定额	费用	定额	费用
1009	1 m³ 液压挖掘机	155.92	63.27	2.70	15.17			14.9	77.48		
1042	59 kW 推土机	81.48	24.31	2.40	13.49			8.40	43.68		
3015	10 t 自卸汽车	112.26	48.79	1.30	7.31			10.80	56.16		
1043	74 kW 推土机	111.28	42.67	2.40	13.49			10.60	55.12		
1062	74 kW 拖拉机	86.54	21.57	2.40	13.49			9.90	51.48		
1095	2.8 kW 蛙式打夯机	13.92	1.18	2.00	11.24						1.50
1094	刨毛机	71.59	19.62	2.40	13.49			7.40	38.48		
1135	三铧犁	1.87	1.87								
1061	59 kW 拖拉机	67.48	12.91	2.40	13.49			7.90	41.08		
1133	缺口耙	2.29	2.29								
1060	55 kW 拖拉机	60.55	8.58	2.40	13.49			7.40	38.48		
1087	5～7 t 羊脚碾	2.33	2.33								

3.4 砌石工程单价编制

砌石工程分为干砌石、浆砌石、铺筑砂垫层等工程项目,在编制工程单价时,要依据施工方法、材料种类及工程类别选用相应的定额子目。其主要工作内容包括选石、修石、冲洗、拌制砂浆、砌筑、勾缝。砌石工程施工技术简单,工程造价低,因而在水利工程中普遍使用,如护坡、护底、基础、挡土墙、明渠等砌石工程。

3.4.1 定额选用和项目划分

3.4.1.1 定额中主要材料规格与标准

(1)卵石指最小粒径在 20 cm 以上的河滩卵石,呈不规则圆形。卵石较坚硬,强度高,常用其砌筑护坡或墩墙。

(2)碎石指经破碎、加工分级后,粒径大于 5 mm 的石块。

(3)块石指厚度大于 20 cm,长、宽各为厚度的 2～3 倍,上下两面平行且大致平整,无尖角、薄边的石块。

(4)片石指厚度大于 15 cm,长、宽各为厚度的 3 倍以上,无一定规则形状的石块。

(5)毛条石指长度大于 60 cm 的长条形四棱方正的石料。

(6)料石指毛条石经过修边打荒加工,外露面方正,各相邻面正交,表面凹凸不超过 10 mm 的石料。

(7)砂砾料指天然砂卵(砾)石混合料。

(8)堆石料指山场岩石经爆破后,无一定规格、大小的任意石料。

(9)反滤料、过渡料指土石坝或一般堆砌石工程的防渗体与坝壳(土料、砂砾料或堆石料)之间的过渡区石料,由粒径、级配均有一定要求的砂、砾石(碎石)等组成。

(10)水泥砂浆是水泥、砂和水按一定的比例拌和而成的,它强度高,防水性能好,多用于重要建筑物及建筑物的水下部位。水泥砂浆的强度等级以试件 28 d 抗压强度作为标准。

(11)混合砂浆是在水泥砂浆中掺入一定数量的石灰膏、黏土混合而成的,它适用于强度要求不高的小型工程或次要建筑物的水上部位。

(12)细骨料混凝土是用水泥、砂、水和 40 mm 以下的骨料按规定级配配合而成的,可节省水泥,提高砌体强度。

3.4.1.2 不同工程部位的含义

(1)护坡:是指坡面与水平面夹角在 10°～30°,平均厚度在 0.5 m 以内(含勒脚),主要起保护作用的砌体。

(2)护底:是指护砌面与水平面夹角在 10°以下的砌体,包括齿墙和围坎。

(3)挡土墙:是指坡面与水平面夹角在 30°～90°,承受侧压力,主要起挡土作用的砌体。

(4)墩墙:是指砌体一般与地面垂直,能承受水平和垂直荷载的砌体,包括闸墩和桥墩。

3.4.2 使用定额时的注意事项

（1）定额中的计量单位。

定额中砂石材料的计量单位：砂、碎石、堆石料、过渡料和反滤料按堆方计；块石、卵石按码方计；条石、料石为清料方。块石的实方指堆石坝坝体方，块石的松方就是块石的堆方。换算时可参考表3-6。

土石方填筑工程定额计量单位：除注明者外，均按建筑实体方（成品方）计。抛石护底、护岸工程按抛投方计；铺筑砂石垫层、干砌石、浆砌石按砌体方计；土石坝物料压实为实方。

（2）自料场至施工现场堆放点的运输费用应包括在石料备料单价内，施工现场堆放点至工作面的场内运输费用已包括在砌石工程定额内。在编制砌石工程概算单价时，不得重复计算石料运输费。

（3）砌石定额中已计入了一般要求的勾缝，如设计有防渗要求的开槽勾缝，应增加相应的人工费和材料费。

（4）在土石填筑工程概算定额中，砂石料的定额量已考虑了施工操作损耗和体积变化因素。在编制其工程单价时，必须确定其材料预算价格。

（5）本节定额中"零星材料费"的计算基数，不含砂石料的运输费。

3.4.3 砌石工程单价

包括备料单价和砌筑单价，其中砌筑单价包括干砌石和浆砌石两种。

（1）备料单价。城市水利工程施工所用的砂石料一般需外购，按材料预算价格计算。

（2）砌筑单价。应根据不同的施工项目、施工部位、施工方法及所用材料套用相应定额进行计算。如为浆砌石，则需先计算胶结材料的半成品价格。

注意：砂、碎石（砾石）、块石、料石等预算价格控制在70元/m³左右，超过部分计取税金后列入相应部分之后。

【例3-3】 某排涝闸工程位于华东地区某县郊，其护底工程采用M7.5浆砌块石施工，所有砂石料均需外购，其外购单价为：砂40元/m³，块石76.6元/m³。试计算该工程M7.5浆砌块石护底工程概算单价。已知基本资料如下：

（1）M7.5水泥砂浆每立方米配合比：32.5级普通硅酸盐水泥261.00 kg，砂1.11 m³，施工用水0.157 m³；

（2）材料预算价格：32.5级普通硅酸盐水泥300元/t，施工用水0.50元/m³，电价0.6元/kWh。

解：

第一步：分析基本资料，确定取费费率。由题意知该工程地处华东地区某县郊，排涝闸的工程性质属于引水工程及河道工程，故其他直接费费率取2.5%，现场经费费率取6%，间接费费率取6%，企业利润率为7%，税率取3.22%。

第二步：计算基础单价。用第2章的基础单价编制方法计算。

（1）人工预算单价：工长4.91元/工时，中级工3.87元/工时，初级工2.11元/工时。

（2）砂浆材料单价：$261.00 \times 0.3 + 1.11 \times 40 + 0.157 \times 0.50 = 122.78$ 元/m³。

（3）机械台时费：0.4 m³ 砂浆搅拌机 19.89 元/台时，胶轮车 0.9 元/台时。

第三步：根据工程部位和施工方法选用定额，定额选用部颁〔2002〕《水利建筑工程概算定额》第3-8节30031子目，定额如表3-13所示。

表3-13　浆砌块石

工作内容：选石、修石、冲洗、拌制砂浆、砌筑、勾缝　　　　　　　（单位：100 m³（砌体方））

项　目	单位	护　坡		护底	基　础	挡土墙	桥墩闸墩
		平面	曲面				
工　长	工时	17.3	19.8	15.4	13.7	16.7	18.2
高级工	工时						
中级工	工时	356.5	436.2	292.6	243.3	339.4	387.8
初级工	工时	490.1	531.2	457.2	427.4	478.5	504.7
合　计	工时	863.9	987.2	765.2	684.4	834.6	910.7
块石	m³	108	108	108	108	108	108
砂浆	m³	35.3	35.3	35.3	34.0	34.4	34.8
其他材料费	%	0.5	0.5	0.5	0.5	0.5	0.5
砂浆搅拌机0.4 m³	台时	6.54	6.54	6.54	6.30	6.38	6.45
胶轮车	台时	163.44	163.44	163.44	160.19	161.18	162.18
编　号		30029	30030	30031	30032	30033	30034

第四步：计算浆砌石工程单价。将各项基础单价、取定的费率及定额子目30031中的各项数值填入表3-14中。

注意：按现行规定，外购材料块石的预算价格为76.6元/m³，超过了70元/m³的限价，故进入工程单价的块石价格为70元/m³计，超过部分（76.6−70 = 6.6元/m³）应计算税金后列入砌石单价第四项税金之后。

计算过程详见表3-14，浆砌块石护底的工程单价为190.31元/m³。

表3-14　建筑工程单价分析表

定额编号：30031　　　　　　　浆砌块石护底　　　　　　（定额单位：100 m³（砌体方））

施工方法：选石、修石、冲洗、拌制砂浆、砌筑、勾缝

序号	名称及规格	单位	数量	单价（元）	合价（元）
一	直接工程费				15 627.74
（一）	直接费				14 403.44
1	人工费				2 172.66
（1）	工长	工时	15.4	4.91	75.61
（2）	高级工	工时			
（3）	中级工	工时	292.6	3.87	1 132.36

序号	名称及规格	单位	数量	单价(元)	合价(元)
(4)	初级工	工时	457.2	2.11	964.69
2	材料费				11 953.60
(1)	块石	m³	108	70	7 560.00
(2)	砂浆	m³	35.3	122.78	4 334.13
(3)	其他材料费	%	0.5	11 894.13	59.47
3	机械使用费				277.18
(1)	砂浆拌和机0.4 m³	台时	6.54	19.89	130.08
(2)	胶轮车	台时	163.44	0.9	147.10
(二)	其他直接费	%	2.5	14 403.44	360.09
(三)	现场经费	%	6	14 403.44	864.21
二	间接费	%	6	15 627.74	937.66
三	企业利润	%	7	16 565.40	1 159.58
四	块石价差	m³	108	6.6	712.80
五	税金	%	3.22	18 437.78	593.70
六	单价合计				19 031.48

3.5 混凝土工程单价编制

3.5.1 项目划分和定额选用

混凝土具有强度高、抗渗性能好、耐久等优点,在城市水利工程中应用非常广泛,其费用在工程总投资中常常占很大比重。

3.5.1.1 项目划分

混凝土按施工工艺可分为现浇混凝土和预制混凝土两大类。现浇混凝土又分常态混凝土和碾压混凝土两种。按胶凝材料分类,混凝土又可分为水泥混凝土、沥青混凝土和石膏混凝土等。

3.5.1.2 定额选用

混凝土工程单价计算应根据提供的资料,确定建筑物的施工部分,选定正确的施工方法、运输方案,确定混凝土的强度等级和级配,并根据施工组织设计确定的拌和系统的布置形式等,选用相应的定额子目。

3.5.2 使用定额时的注意事项

(1)定额计量单位。

混凝土拌制及混凝土运输定额的计量单位均为半成品方,不包括干缩、运输、浇筑和超填等损耗的消耗量在内。

混凝土浇筑的计量单位均为建筑物及构筑物的成品实体方。

止水、沥青砂柱止水、混凝土管安装计量单位为延米；钢筋制作与安装的计量单位为 t；防水层、伸缩缝、沥青混凝土涂层计量单位为 m^2。

(2)常态混凝土浇筑主要工作包括基础面清理、施工缝处理、铺水泥砂浆、平仓浇筑、振捣、养护、工作面运输及辅助工作。混凝土浇筑定额中包括浇筑和工作面运输所需全部人工、材料和机械的数量及费用，但是混凝土拌制及浇筑定额中不包括骨料预冷、加冰、通水等温控所需人工、材料、机械的数量和费用。地下工程混凝土浇筑施工照明用电已计入浇筑定额的其他材料费中。

(3)沥青混凝土浇筑包括配料、混凝土加温、铺筑、养护，模板制作、安装、拆除、修整及场内运输和辅助工作。

(4)碾压混凝土浇筑包括冲毛、冲洗、清仓，铺水泥砂浆，混凝土配料、拌制、运输、平仓、碾压、切缝、养护，工作面运输及辅助工作等。

(5)预制混凝土主要工作包括预制场冲洗、清理、配料、拌制、浇筑、振捣、养护，模板制作、安装、拆除、修整，现场冲洗、拌浆、吊装、砌筑、勾缝，以及预制场和安装现场场内运输及辅助工作。混凝土构件预制及安装定额包括预制及安装过程中所需人工、材料、机械的数量和费用。预制混凝土定额中的模板材料为单位混凝土成品方的摊销量，已考虑了周转。

(6)混凝土拌制定额是按常态混凝土拟订的。混凝土拌制包括配料、加水、加外加剂、搅拌、出料、清洗及辅助工作。

(7)混凝土运输包括装料、运输、卸料、空回、冲洗、清理及辅助工作。现浇混凝土运输是指混凝土自搅拌楼或搅拌机出料口至浇筑现场工作面的全部水平和垂直运输。预制混凝土构件运输指预制场到安装现场之间的运输；预制混凝土构件在预制场和安装现场内的运输已包括在预制及安装定额内。

3.5.3 混凝土工程概算单价编制

混凝土工程概算单价主要包括现浇混凝土工程单价、预制混凝土工程单价、沥青混凝土工程单价、钢筋制作与安装工程单价等，对于大型混凝土工程还要计算混凝土温控措施费。

3.5.3.1 现浇混凝土工程单价编制

现浇混凝土工程单价一般由混凝土拌制、运输(水平、垂直)、浇筑等工序单价组成。在混凝土浇筑定额各节子目中，均列有"混凝土"、"混凝土拌制"、"混凝土运输"等的数量，在编制混凝土单价时，应先根据分项定额计算这些项目的直接费单价，再将其分别代入混凝土浇筑定额，计算混凝土工程单价。

1. 混凝土材料单价

在混凝土浇筑定额中，"混凝土"一项，系指完成定额单位产品所需的混凝土半成品量，包括凿毛、干缩、施工及运输损耗和接缝砂浆的消耗量。概算定额还包括超填量，如底板混凝土浇筑定额 40058 子目中，每浇筑 100 m^3 成品方混凝土，其混凝土材料用量为

108 m³,其中 8 m³ 为施工超填量、施工附加量和施工操作运输损耗量。

混凝土半成品单价是指按设计配合比计算的配制 1 m³ 混凝土所需的砂、石、水泥、水、掺合料及外加剂等各种材料的费用之和。

混凝土材料单价按第 2 章 2.6 节的编制方法计算。

2. 混凝土拌制单价

混凝土的拌制工序有配料、运输、加水、加外加剂、搅拌、出料、清洗等。编制混凝土拌制直接费单价时,应根据施工组织设计选定的拌和设备套用相应的拌制定额。一般情况下,混凝土拌制单价作为混凝土浇筑定额中的一项内容,即构成混凝土浇筑单价中的定额直接费。

混凝土拌制单价计算可采用以下两种方法:

(1)为避免重复计算其他直接费、现场经费、间接费、企业利润和税金,拌制单价按照选定的拌制定额只计算定额直接费。

(2)将选定的拌制定额子目乘以拌制综合系数单独计算拌制单价,相应取消原浇筑定额中的混凝土拌制一项。

在拌和楼拌制混凝土定额中,均列有"骨料系统"和"水泥系统",是指骨料、水泥及掺合料进入拌和楼前与拌和楼相衔接必备的机械设备。包括自骨料调节料仓下料斗开始的胶带运输机和供料设备;自水泥罐、掺合料罐开始的水泥提升机械或空气输送设备,以及胶带输送机和吸尘设备等。编制混凝土拌制单价时,可根据施工组织设计确定的机械组合,将上述设备的台时费合计为组时费(组合台时费)。骨料调节料仓包括净料堆场、骨料仓、骨料罐。在骨料调节料仓下料斗之前的骨料运输费用,应计入骨料(砂石料)单价中。

另外,混凝土拌制定额按拌制常态混凝土拟订,若拌制加冰、加掺合料等其他混凝土,则应按表 3-15 所规定的系数对混凝土拌制定额进行调整。

表 3-15　混凝土拌制定额调整表

拌和楼规格	混凝土级别			
	常态混凝土	加冰混凝土	加掺合料混凝土	碾压混凝土
1×2.0 m³ 强制式	1.00	1.20	1.00	1.00
2×2.5 m³ 强制式	1.00	1.17	1.00	1.00
2×1.0 m³ 自落式	1.00	1.00	1.10	1.30
2×1.5 m³ 自落式	1.00	1.00	1.10	1.30
3×1.5 m³ 自落式	1.00	1.00	1.10	1.30
2×3.0 m³ 自落式	1.00	1.00	1.10	1.30
4×3.0 m³ 自落式	1.00	1.00	1.10	1.30

3. 混凝土运输单价

混凝土运输单价包括水平运输和垂直运输单价,指混凝土自搅拌机(楼)出料口至浇筑现场工作面的运输。

水利工程混凝土运输多采用数种运输设备相互配合的运输方案,不同的施工阶段,不同的浇筑部位,可能采用不同的运输方式。在现行的概算定额中,各节现浇混凝土定额中"混凝土运输"作为浇筑定额的一项内容,它的数量已包括完成每一定额单位有效实体所需增加的超填量和施工附加量等。

混凝土运输单价的计算方法同混凝土拌制单价的计算方法。

4. 混凝土浇筑单价

混凝土浇筑的主要子工序包括凿毛、基础面清理、施工缝处理、入仓、平仓、振捣、养护等。影响浇筑工序的主要因素有仓面面积、施工条件等。仓面面积大,便于发挥人工及机械效率,工效高。施工条件对混凝土浇筑工序的影响很大,计算混凝土浇筑单价时,需注意:

(1)现行混凝土浇筑定额中包括浇筑和工作面运输(不含浇筑现场垂直运输)所需全部人工、材料和机械的数量和费用。

(2)混凝土浇筑仓面清洗用水,地下工程混凝土浇筑施工照明用电,已分别计入浇筑定额的用水量及其他材料费中。

5. 混凝土温控措施费计算

在水利工程中,为防止拦河大坝等大体积混凝土建筑物由于温度应力而产生裂缝,以及坝体接缝灌浆后再度拉裂,保证建筑物的安全,按现行设计规范和混凝土坝设计及施工的要求,对混凝土坝等大体积建筑物应采取温控措施。温控措施很多,例如采用水化热较低的水泥,减少水泥用量,采用风或水预冷骨料,加冷水或冰拌和混凝土,对坝体混凝土进行一、二期通低温水及混凝土表面保护措施。

1)基本参数的选择

计算温控费用时,应收集下列资料:

(1)工程所在地区的多年月平均气温、水温等气象资料。

(2)每立方米混凝土拌制所需加冰或冷水的数量、时间及混凝土的数量。

(3)计算要求的混凝土出机口温度、浇筑温度和坝体的允许温度。

(4)混凝土骨料的制冷方式,预冷每立方米骨料所需消耗冷风、冷水的数量,预冷时间及温度,每立方米混凝土需预冷骨料的数量及需进行骨料预冷的混凝土数量。

(5)坝体的设计稳定温度,接缝灌浆时间,坝体混凝土一、二期通低温水的时间、流量、冷水温度及通水区域。

(6)冷冻系统的工艺流程、设备配置;如使用外购冰,要了解外购冰的售价、运输方式;混凝土温控方法、劳力、机械设备;冷冻设备的有关定额、费用等。

以上这些温控措施,应根据不同工程的特点,不同地区的气温条件,不同结构物不同部位的温控要求等综合因素确定,可采用概算定额中规定的参考资料(见概算定额附录10)计算。

2)温控措施费计算标准

即采取各种温控措施的混凝土数量占混凝土工程总量的比例。在概算阶段,如设计资料不足,可根据工程所在地夏季月平均气温和混凝土降温幅度(指夏季月平均气温和设计要求混凝土出机口温度之差)确定,见表3-16。

表 3-16　混凝土温控措施费用计算标准参考表

夏季月平均气温(℃)	混凝土降温幅度(℃)	温控措施	占混凝土工程总量比例(%)
20 以下		个别高温时段,加冰或加冷水拌制混凝土	20
20 以下	5	加冰、加冷水拌制混凝土	35
		坝体混凝土一、二期通水冷却及混凝土表面保护	100
20~25	5~10	风或水预冷大骨料	25~35
		加冰、加冷水拌制混凝土	40~45
		坝体混凝土一、二期通水冷却及混凝土表面保护	100
20~25	10 以上	风预冷大、中骨料	35~40
		加冰、加冷水拌制混凝土	45~55
		坝体混凝土一、二期通水冷却及混凝土表面保护	100
25 以上	10~15	风预冷大、中、小骨料	35~45
		加冰、加冷水拌制混凝土	55~60
		坝体混凝土一、二期通水冷却及混凝土表面保护	100
25 以上	15 以上	风和水预冷大、中、小骨料	50
		加冰、加冷水拌制混凝土	60
		坝体混凝土一、二期通水冷却及混凝土表面保护	100

注:当混凝土降温幅度要求 50 ℃以上时,不论夏季月平均气温为多少,均须采取坝体混凝土一、二期通水冷却及混凝土表面保护措施,此项措施费用计算标准为 100%。

3)不同温控措施的制冷指标

温控措施的制冷指标是指 1 m³ 混凝土采取温控措施时,骨料预冷所需的冷风或冷水量、混凝土拌制所需的冷水或片冰量、混凝土浇筑后所需的通冷却水量和表面保护量。该指标应在施工组织设计中确定。编制概算时,如设计资料不足,可参考表 3-17。

表 3-17　每立方米混凝土不同温控措施制冷指标参考表

温控措施名称	单位	夏季月平均气温(℃)				
		< 20	20~25		> 25	
		降温幅度(℃)				
		1~5	5~10	>10	10~15	>15
骨料预冷耗风	m³		450	750	1 100	1 300
骨料预冷耗水	t		1.0			1.35
加 2 ℃冷水	kg	70	60	50	50	50
加片冰	kg	30	40	50	50	50
坝体混凝土一期通水	t		0.32	0.37	0.42	0.47
坝体混凝土二期通水	t	0.3~0.6	0.4~0.8	0.6~1.0	1.0~1.7	1.7~2.3
混凝土表面保护	m²	0.32	0.38	0.43	0.49	0.54

4)混凝土温控措施单价的编制步骤

(1)计算混凝土出机口的温度。

根据不同强度等级混凝土的材料配合比及其自然温度,可计算混凝土的出机口温度,见表3-18。

表3-18 混凝土出机口温度计算表

序号	材料	重量 G (kg/m^3)	比热 C ($kJ/(kg \cdot ℃)$)	温度 t (℃)	$G \times C = P$ ($kJ/(m^3 \cdot ℃)$)	$G \times C \times t = Q$ (kJ/m^3)
1	水泥及粉煤灰		0.796	$t_1 = T + 15$		
2	砂		0.963	$t_2 = T - 2$		
3	石子		0.963	t_3		
4	砂的含水		4.2	$t_4 = t_2$		
5	石子的含水		4.2	$t_5 = t_3$		
6	拌和水		4.2			
7	片冰		2.1			$Q_7 = -335G_7$
			潜热 335			
8	机械热					Q_8
合计		出机口温度 $t_c = \sum Q / \sum P$			$\sum P$	$\sum Q$

注:1. 表中"T"为月平均气温,石子的自然温度可取与"T"同值;

2. 砂子含水率可取 5%;

3. 风冷骨料的石子含水率可取 0;

4. 淋水预冷骨料脱水后的石子含水率可取 0.75%;

5. 混凝土拌和机械热取值:常温混凝土 $Q_8 = 2094 \ kJ/m^3$,14 ℃混凝土 $Q_8 = 4187 \ kJ/m^3$,7 ℃混凝土 $Q_8 = 6281 \ kJ/m^3$;

6. 若给定了出机口温度、加冷水和加片冰量,则可按下式确定石子的冷却温度:

$$t_3 = (t_c \sum P - Q_1 - Q_2 - Q_4 - Q_5 - Q_6 - Q_8 + 335G_7) \div 0.963G_3$$

(2)计算各种温控措施单价。

温控措施单价指预冷骨料所需的冷风、冷水等单价,又称制冷单价。概预算定额附录中列有各分项温控措施单价计算表,根据施工组织设计选定的制冷方法计算制冷直接费单价。

(3)计算温控措施综合单价。

温控措施复价是指每立方米温控混凝土所需不同温控措施的费用,其值等于该项温控措施制冷指标乘以降温幅度再乘以制冷单价,将各项温控措施的复价相加,可计算每立方米混凝土的温控措施综合直接费单价(见表3-19),计入其他直接费、现场经费、间接费、企业利润及税金后的混凝土温控措施综合单价。

表 3-19　混凝土预冷综合单价计算表　　　　　　　　　　　　　　（单位:m³）

| 序号 | 项目 | 单位 | 数量 G | 材料温度(℃) | | | 分项措施单价 M | 复价(元) G·Δt·M |
				初温 t_0	终温 t_i	降幅 $\Delta t = t_0 - t_i$		
1	制冷水	kg					元/(kg·℃)	
2	制片冰	kg					元/kg	
3	冷水喷淋骨料	kg					元/(kg·℃)	
4	一次风冷骨料	kg					元/(kg·℃)	
5	二次风冷骨料	kg					元/(kg·℃)	
合　计								

注:1. 冷水喷淋骨料和一次风冷骨料,二者择其一,不得同时计费。

2. 根据混凝土出机口温度计算,骨料最终温度不大于 8 ℃时,一般可不必进行二次风冷,有时二次风冷是为了保温。

3. 一次风冷或水冷石子的初温可取月平均气温值。

4. 一次风冷或水冷之后,骨料转运到二次风冷料仓过程中,温度回升值可取 1.5～2 ℃。

3.5.3.2　预制混凝土工程单价编制

预制混凝土工程单价一般包括混凝土预制、预制构件运输、预制构件安装等工序单价。

混凝土预制包括预制场冲洗、清理、配料、拌制、浇筑、振捣、养护,模板制作、安装、拆除、修整,以及预制场内混凝土运输、材料运输、预制件吊装等工作。

预制构件运输指预制场至安装现场之间的运输,应按施工组织设计确定的运输方式、装卸和运输机械、运输距离选择定额。

预制构件安装主要包括安装现场冲洗、拌浆、吊装、砌筑、勾缝等。

用预算定额编制安装单价时,先分别计算混凝土预制和混凝土运输的直接费,将两者之和作为构件安装定额中"混凝土构件"项的单价,然后根据安装定额编制混凝土的综合预算单价。

现行概算定额中混凝土预制及安装定额包括混凝土拌制和预制场内混凝土运输工序,另外需考虑预制件场外运输及安装用混凝土运输。

预制混凝土定额中的模板材料均按预算消耗量计算,包括制作(钢模为组装)、安装、拆除维修的消耗、损耗,并考虑了周转和回收。

混凝土构件的预制、运输及安装,当预制混凝土构件重量超过定额中起重机械起重量时,可用相应起重机械替换,但定额台时数不作调整。

3.5.3.3　沥青混凝土工程单价编制

水利工程常用的沥青混凝土为碾压式沥青混凝土,分开级配(孔隙率大于 5%,含少量或不含矿粉)和密级配(孔隙率小于 5%,含一定量矿粉)。开级配适用于防渗墙的整平胶结层和排水层,密级配适用于防渗墙的防渗层和岸边接头部位。

沥青混凝土工程单价编制方法与水泥混凝土工程单价编制方法基本相同。

【例 3-4】　某水闸工程位于华东地区,其底板采用现浇钢筋混凝土底板,底板厚度为

1.0 m,混凝土强度等级为 C25,二级配;施工方法采用 0.8 m³ 搅拌机拌制混凝土,1 t 机动翻斗车装混凝土运 100 m 至仓面进行浇筑,1.1 kW 插入式振动器振捣。已知基本资料如下:

(1)人工预算单价:工长 4.91 元/工时,高级工 4.56 元/工时,中级工 3.87 元/工时,初级工 2.11 元/工时。

(2)材料预算价格:42.5 级普通硅酸盐水泥 340 元/t,中砂 35 元/m³,碎石(综合)45 元/m³,水 0.5 元/m³,电 0.6 元/kWh,柴油 5.2 元/kg,施工用风 0.15 元/m³。

(3)机械台时费:0.8 m³ 搅拌机 28.23 元/台时,胶轮车 0.9 元/台时,机动翻斗车(1 t)15.27 元/台时,1.1 kW 插入式振动器 2.02 元/台时,风水枪 33.09 元/台时。

试计算闸底板现浇混凝土的工程单价。

解:

第一步:计算混凝土材料单价。计算方法同例 2-9。

混凝土材料单价 $= 289 \times 0.34 \times 1.10 \times 1.07 + 0.49 \times 35 \times 1.10 \times 0.98 + 0.81 \times 45$
$\times 1.06 \times 0.98 + 0.15 \times 0.50 \times 1.10 \times 1.07 = 172.09($ 元/m³ $)$

第二步:计算混凝土拌制单价(只计定额直接费)。选用概算定额第 4-35 节 40172 子目,定额如表 3-20 所示。计算过程见表 3-21,混凝土拌制单价为 9.79 元/m³。

表 3-20　搅拌机拌制

适用范围:各种级配常态混凝土 (单位:100 m³)

项　目	单位	搅拌机出料（m³）	
		0.4	0.8
工　长	工时		
高级工	工时		
中级工	工时	126.2	93.8
初级工	工时	167.2	124.4
合　计	工时	293.4	218.2
零星材料费	%	2	2
搅拌机	台时	18.90	9.07
胶轮车	台时	87.15	87.15
编　号		40171	40172

表 3-21　建筑工程单价分析表

定额编号:40172 混凝土拌制 (定额单位:100 m³)

施工方法:0.8 m³ 搅拌机拌制混凝土

序号	名称及规格	单位	数量	单价(元)	合价(元)
一	直接工程费				
(一)	直接费				979.18
1	人工费				625.49

序号	名称及规格	单位	数量	单价(元)	合价(元)
	中级工	工时	93.8	3.87	363.01
	初级工	工时	124.4	2.11	262.48
2	零星材料费	%	2	959.98	19.20
3	机械使用费				334.49
	搅拌机(0.8 m³)	台时	9.07	28.23	256.05
	胶轮车	台时	87.15	0.9	78.44

第三步:计算混凝土运输单价(只计定额直接费)。选用概算定额第 4-40 节 40192 子目,定额如表 3-22 所示。计算过程见表 3-23,混凝土运输单价结果为 5.47 元/m³。

表 3-22　机动翻斗车运混凝土　(单位:100 m³)

项目	单位	运距(km)					增运
		100	200	300	400	500	100 m
工　长	工时						
高级工	工时						
中级工	工时	37.6	37.6	37.6	37.6	37.6	
初级工	工时	30.8	30.8	30.8	30.8	30.8	
合　计	工时	68.4	68.4	68.4	68.4	68.4	
零星材料费	%	5	5	5	5	5	
机动翻斗车 1 t	台时	20.32	23.73	26.93	29.87	32.76	2.78
编　号		40192	40193	40194	40195	40196	40197

表 3-23　建筑工程单价分析表

定额编号:40192　　　　　混凝土运输　　　　　(定额单位:100 m³)

施工方法:1 t 机动翻斗车运混凝土 100 m

序号	名称及规格	单位	数量	单价(元)	合价(元)
一	直接工程费				
(一)	直接费				546.83
1	人工费				210.50
	中级工	工时	37.6	3.87	145.51
	初级工	工时	30.8	2.11	64.99
2	零星材料费	%	5	520.79	26.04
3	机械使用费				310.29
	机动翻斗车 1 t	台时	20.32	15.27	310.29

第四步:计算混凝土浇筑单价。根据工程性质、特点确定取费费率,其他直接费费率取2.5%,现场经费费率取6%,间接费费率取4%,企业利润率为7%,税率取3.22%。选用概算定额第4-10节40057子目,定额如表3-24所示。计算过程见表3-25,混凝土浇筑的工程单价为295.53元/m³。

表3-24　底　板

适用范围:溢流堰、护坦、铺盖、阻滑板、趾板等　　　　　　　　　　　　　　　　（单位:100 m³）

项　目	单位	厚　度（cm）		
		100	200	400
工　长	工时	17.6	11.8	8.1
高级工	工时	23.4	15.8	10.9
中级工	工时	310.6	209.3	143.8
初级工	工时	234.4	157.9	108.5
合　计	工时	586.0	394.8	271.3
混凝土	m³	112	108	106
水	m³	133	107	74
其他材料费		0.5	0.5	0.5
振动器1.1 kW	台时	45.84	44.16	43.31
风水枪	台时	17.08	11.51	7.91
其他机械费	%	3	3	3
混凝土拌制	m³	112	108	106
混凝土运输	m³	112	108	106
编　号		40057	40058	40059

表3-25　建筑工程单价分析表

定额编号:40057　　　　　　　　　底板混凝土浇筑　　　　　　　　　　（定额单位:100 m³）

施工方法:1 t机动翻斗车装混凝土运100 m至仓面,1.1 kW插入式振动器振捣

序号	名称及规格	单位	数量	单价(元)	合价(元)
一	直接工程费				25 729.29
（一）	直接费				23 713.63
1	人工费				1 889.72
（1）	工　长	工时	17.6	4.91	86.42
（2）	高级工	工时	23.4	4.56	106.70
（3）	中级工	工时	310.6	3.87	1 202.02
（4）	初级工	工时	234.4	2.11	494.58

序号	名称及规格	单位	数量	单价(元)	合价(元)
2	材料费				19 437.28
(1)	混凝土 C25	m³	112	172.09	19 274.08
(2)	水	m³	133	0.5	66.50
(3)	其他材料费	%	0.5	19 340.58	96.70
3	机械使用费				677.51
(1)	振动器 1.1 kW	台时	45.84	2.02	92.60
(2)	风水枪	台时	17.08	33.09	565.18
(3)	其他机械费	%	3	657.78	19.73
4	混凝土拌制	m³	112	9.79	1 096.48
5	混凝土运输	m³	112	5.47	612.64
(二)	其他直接费	%	2.5	23 713.63	592.84
(三)	现场经费	%	6	23 713.63	1 422.82
二	间接费	%	4	25 729.29	1 029.17
三	企业利润	%	7	26 758.46	1 873.09
四	税金	%	3.22	28 631.55	921.94
五	单价合计				29 553.49

3.5.3.4 钢筋制作与安装工程单价编制

钢筋制作与安装内容有钢筋加工、绑扎、焊接、运输、现场安装等工序。现行概算定额中不分工程部位和钢筋规格型号,把"钢筋制作与安装"定额综合成一节,定额编号为第 4-23 节 40123 子目,计量单位为 t。

概算定额中"钢筋"项的数量已包括了切断和焊接等的损耗量以及截余短头作废料和搭接帮条等的附加量;预算定额仅含加工损耗,不包括搭接长度及架立钢筋用量。

【例 3-5】 在例 3-4 中,闸底板和闸墩采用的钢筋型号有 Φ20 的 A3,Φ25 的变形钢筋,试计算该水闸的钢筋制作与安装工程单价。已知基本资料如下:

(1)所取费率及人工预算单价同例 3-4。

(2)材料预算价格:钢筋 4 500 元/t,铁丝 5.8 元/kg,电焊条 4.5 元/kg,水 0.5 元/m³,电 0.6 元/kWh,汽油 5.8 元/kg,风 0.15 元/m³。

(3)施工机械台时费:钢筋调直机(14 kW)14.08 元/台时,风水枪 33.09 元/台时,钢筋切断机(20 kW)18.52 元/台时,钢筋弯曲机(Φ6～40)10.85 元/台时,电焊机(25 kVA)9.42 元/台时,电弧对焊机(150 型)60.92 元/台时,载重汽车(5 t)65.42 元/台时,塔式起重机(10 t)93.83 元/台时。

解:因现行概算定额中不分工程部位和钢筋规格型号,把"钢筋制作与安装"定额综合成一节,故选用概算定额第4-23节40123子目,定额如表3-26所示。钢筋制作与安装工程单价计算过程见表3-27,结果为6 932.75元/t。

表 3-26 钢筋制作与安装

适用范围:水工建筑物各部位

工作内容:回直、除锈、切断、弯制、焊接、绑扎及加工场至施工场地运输   （单位:1 t）

项　目	单位	数量
工　长	工时	10.6
高级工	工时	29.7
中级工	工时	37.1
初级工	工时	28.6
合　计	工时	106.0
钢筋	t	1.07
铁丝	kg	4
电焊条	kg	7.36
其他材料费	%	1
钢筋调直机 14 kW	台时	0.63
风水枪	台时	1.58
钢筋切断机 20 kW	台时	0.42
钢筋弯曲机 Φ6～40	台时	1.10
电焊机 25 kVA	台时	10.50
电弧对焊机 150 型	台时	0.42
载重汽车 5 t	台时	0.47
塔式起重机 10 t	台时	0.11
其他机械费	%	2
编　　号		40123

表 3-27 建筑工程单价分析表

定额编号:40123　　　　　　　　钢筋制作与安装　　　　　　　　（定额单位:1 t）

工作内容:回直、除锈、切断、弯制、焊接、绑扎及加工场至施工场地运输

序号	名称及规格	单位	数量	单价(元)	合价(元)
一	直接工程费				6 035.65
(一)	直接费				5 562.81
1	人工费				391.41
	工　长	工时	10.6	4.91	52.05
	高级工	工时	29.7	4.56	135.43
	中级工	工时	37.1	3.87	143.58
	初级工	工时	28.6	2.11	60.35

序号	名称及规格	单位	数量	单价(元)	合价(元)
2	材料费				4 920.03
	钢筋	t	1.07	4 500.00	4 815.00
	铁丝	kg	4	5.80	23.20
	电焊条	kg	7.36	4.50	33.12
	其他材料费	%	1	4 871.32	48.71
3	机械使用费				251.37
	钢筋调直机 14 kW	台时	0.63	14.08	8.87
	风砂枪	台时	1.58	33.09	52.28
	钢筋切断机 20 kW	台时	0.42	18.52	7.78
	钢筋弯曲机 Φ 6~40	台时	1.10	10.85	11.94
	电焊机 25 kVA	台时	10.50	9.42	98.91
	电弧对焊机 150 型	台时	0.42	60.92	25.59
	载重汽车 5 t	台时	0.47	65.42	30.75
	塔式起重机 10 t	台时	0.11	93.83	10.32
	其他机械费	%	2	246.44	4.93
(二)	其他直接费	%	2.5	5 562.81	139.07
(三)	现场经费	%	6	5 562.81	333.77
二	间接费	%	4	6 035.65	241.43
三	企业利润	%	7	6 277.08	439.4
四	税金	%	3.22	6 716.48	216.27
五	单价合计				6 932.75

3.6 模板工程单价编制

模板用于支承具有塑流性质的混凝土拌和物的重量和侧压力,使其按设计要求凝固成型。模板制作、安装及拆除是混凝土施工中的一道重要工序,它不仅影响混凝土的外观质量,制约混凝土施工速度,而且对混凝土工程造价影响也很大。据统计,在大中型城市水利工程施工中,模板费用一般占混凝土总费用的 8% ~15%,在一些复杂的单项工程和小型工程中甚至达到 20% 以上。

模板工程单价包括模板及其支撑结构的制作、安装、拆除、场内运输及修理等全部工序的人工、材料和机械费用。

3.6.1　定额内容和定额选用

为适应水利工程建设管理的需要,现行概算定额将模板制作、安装定额单独计列,不再包含在混凝土浇筑定额中,使模板与混凝土定额的组合更灵活、适应性更强。

3.6.1.1　定额内容

模板工程定额内容包括模板制作和模板安装拆除。

模板制作主要包括木模板制作,木排架制作,木立柱、围囹制作,钢架制作,预埋铁件制作,以及模板的运输等。

模板安装拆除主要包括模板的安装、拆除、除灰、刷脱模剂、维修、倒仓、拉筋割断等。

3.6.1.2　定额选用

选用定额时,应根据工程部位、模板的类型、施工方法等因素,综合考虑选用现行概算定额第五章中相应的定额子目。

3.6.2　使用定额时的注意事项

(1)模板制作与安装拆除定额,均以 100 m² 立模面积为计量单位,立模面积应按混凝土与模板的接触面积计算,即按混凝土结构物体形及施工分缝要求所需的立模面积计算。

(2)模板材料均按预算消耗量计算,包括了制作、安装、拆除、维修的损耗和消耗,并考虑了周转和回收。

(3)模板定额中的材料,除模板本身外,还包括支撑模板的立柱、围囹、桁(排)架及铁件等。对于悬空建筑物的模板,计算到支撑模板结构的承重梁为止。承重梁以下的支撑结构应包括在"其他施工临时工程"中。

(4)大体积混凝土(如坝、船闸等)中的廊道模板,均采用一次性预制混凝土板(浇筑后作为建筑物结构的一部分)。混凝土模板预制及安装可参考混凝土预制及安装定额编制其单价。

(5)概算定额中列有模板制作定额,并在"模板安装拆除"定额子目中嵌套模板制作数量 100 m²,这样便于计算模板综合工程单价。而预算定额中将模板制作和安装拆除定额分别计列,使用预算定额时将模板制作及安装拆除工程单价算出后再相加,即为模板综合单价。

(6)使用概算定额计算模板综合单价时,模板制作单价有以下两种计算方法:

①若施工企业自制模板,按模板制作定额计算出直接费(不计入其他直接费、现场经费、间接费、企业利润和税金),作为模板的预算价格代入安装拆除定额,统一计算模板综合单价。

②若外购模板,安装拆除定额中的模板预算价格应为模板使用一次的摊销价格,其计算公式为

$$外购模板预算价格 = 外购模板价格 \times (1 - 残值率) \div 周转次数 \times 综合系数 \tag{3-17}$$

其中,残值率为10%,周转次数为50次,综合系数为1.15(含露明系数及维修损耗系数)。

(7)概算定额中凡嵌套有"模板100 m²"的子目,计算"其他材料费"时,计算基数不包括模板本身的价值。

(8)在混凝土工程定额中,常态混凝土和碾压混凝土定额中不包含模板制作与安装,模板的费用应按模板工程定额另行计算;预制混凝土及沥青混凝土定额中已包括了模板的相关费用,计算时不得再算模板费用。

3.6.3 模板工程单价的编制

3.6.3.1 模板制作单价

按混凝土结构部位的不同,可选择不同类型的模板制作定额,编制模板制作单价。如悬臂组合钢模板、普通标准钢模板、普通平面木模板、蜗壳模板、滑升式模板等。在编制模板制作单价时,要注意各节定额的适用范围和工作内容,特别是各节定额下面的"注",应仔细阅读,以便对定额作出正确的调整。

模板属周转性材料,其费用应进行摊销。模板制作定额的人工、材料、机械用量是考虑多次周转和回收后使用一次的摊销量。因此,按模板制作定额计算的模板制作单价是模板使用一次的摊销价格。

3.6.3.2 模板安装拆除单价

概算定额模板安装各节子目中将模板作为"材料"列出,定额中模板的价格可按制作定额计算(取直接费)。将模板材料的价格代入相应的模板安装拆除定额,可计算模板工程单价。

【例3-6】 在例3-5中,闸墩施工采用标准钢模板立模,试计算模板制作与安装综合单价。已知基本资料如下:

(1)材料预算价格:组合钢模板6.50元/kg,型钢、卡扣件6.60元/kg,铁件6.5元/kg,预制混凝土柱350.0元/m³。

(2)施工机械台时费:汽车起重机(5 t)69.43元/台时。

(3)其他资料同例3-4、例3-5。

解:

第一步:计算模板制作单价。

(1)确定取费费率。根据工程性质、特点确定取费费率,其他直接费费率取2.5%,现场经费费率取6%,间接费费率取6%,企业利润率为7%,税率取3.22%。

(2)因模板制作是模板安装工程材料定额的一项内容,为避免重复计算,故模板制作单价只计算定额直接费。查概算定额,选用第5-12节50062子目,定额如表3-28所示。计算过程见表3-29,模板制作单价(直接费)为11.01元/m²。

第二步:计算闸墩钢模板制作、安装综合单价。查概算定额选用第5-1节50001子目,定额如表3-30所示。计算过程详见表3-31,计算结果为51.77元/m²。

注意:在计算其他材料费时,其计算基数不包括模板本身的价值。

表 3-28　普通模板制作

适用范围:标准钢模板:直墙、挡土墙、防浪墙、闸墩、底板、趾板、板、梁、柱等。

平面木模板:混凝土坝、混凝土墙、墩等。

曲面模板:混凝土墩头、进水口下侧收缩曲面等弧形柱面。

工作内容:标准钢模板:铁件制作、模板运输。

平面木模板:模板制作、立柱、围图制作、铁件制作、模板运输。

曲面模板:钢架制作、面板拼装、铁件制作、模板运输。

（单位:100 m²）

项　目	单位	标准钢模板	平面木模板	曲面模板
工　长	工时	1.2	4.1	4.5
高级工	工时	3.8	12.1	14.7
中级工	工时	4.2	33.6	30.3
初级工	工时	1.5	12.8	11.9
合　计	工时	10.7	62.6	61.4
锯　材	m²		2.3	0.4
组合钢模板	kg	81		106
型　钢	kg	44		498
卡扣件	kg	26		43
铁　件	kg	2	25	36
电焊条	kg	0.6		11.0
其他材料费	%	2	2	2
圆盘锯	台时		4.69	
双面刨床	台时		3.91	
型钢剪断机 13 kW	台时			0.98
型材弯曲机	台时			1.53
钢筋切断机 20 kW	台时	0.07	0.17	0.19
钢筋弯曲机 Φ 6~40	台时		0.44	0.49
载重汽车 5 t	台时	0.37	1.68	0.43
电焊机 25 kVA	台时	0.72		8.17
其他机械费	%	5	5	5
编　号		50062	50063	50064

表 3-29　建筑工程单价分析表

定额编号:50062　　　　　　闸墩钢模板制作　　　　　　（定额单位:100 m²）

施工方法:铁件制作、模板运输

序号	名称及规格	单位	数量	单价(元)	合价(元)
一	直接工程费				
（一）	直接费				1 100.82

续表 3-29

序号	名称及规格	单位	数量	单价(元)	合价(元)
1	人工费				42.64
	工 长	工时	1.2	4.91	5.89
	高级工	工时	3.8	4.56	17.33
	中级工	工时	4.2	3.87	16.25
	初级工	工时	1.5	2.11	3.17
2	材料费				1 024.28
	组合钢模板	kg	81	6.50	526.50
	型钢	kg	44	6.60	290.40
	卡扣件	kg	26	6.60	171.60
	铁件	kg	2	6.50	13.00
	电焊条	kg	0.6	4.50	2.70
	其他材料费	%	2	1 004.2	20.08
3	机械使用费				33.90
	钢筋切断机 20 kW	台时	0.07	18.52	1.30
	载重汽车 5 t	台时	0.37	65.42	24.21
	电焊机 25 kVA	台时	0.72	9.42	6.78
	其他机械费	%	5	32.29	1.61

表 3-30　普通模板

适用范围:标准钢模板:直墙、挡土墙、防浪墙、闸墩、底板、趾板、板、梁、柱等。

平面木模板:混凝土坝、混凝土墙、墩等。

曲面模板:混凝土墩头、进水口下侧收缩曲面等弧形柱面。

工作内容:模板安装、拆除、除灰、刷脱模剂、维修、倒仓。

(单位:100 m²)

项　目	单位	标准模板		平面木模板	曲面模板
		一般部位	梁板柱部位		
工　长	工时	17.5	21.9	11.0	14.1
高级工	工时	85.2	106.5	7.4	59.3
中级工	工时	123.2	154.0	111.2	167.2
初级工	工时			27.7	37.2
合　计	工时	225.9	282.4	157.3	277.8

项 目	单位	标准模板		平面木模板	曲面模板
		一般部位	梁板柱部位		
模板	m²	100	100	100	100
铁件	kg	124		321	357
预制混凝土柱	m³	0.3		1.0	
电焊条	kg	2.0	2.0	5.2	5.8
其他材料费	%	2	2	2	2
汽车起重机 5 t	台时	14.6	14.60	11.95	12.88
电焊机 25 kVA	台时	2.06	2.06	6.71	2.06
其他机械费	%	5	5	5	10
编 号		50001	50002	50003	50004

注:底板、趾板为岩石基础时,标准钢模板定额人工乘以系数1.2,其他材料费按8%计算。

表 3-31 建筑工程单价分析表

定额编号:50001　　　　　　　　模板制作与安装　　　　　　　　（定额单位:100 m²）

工作内容:模板安装、拆除、除灰、刷脱模剂、维修、倒仓

序号	名称及规格	单位	数量	单价(元)	合价(元)
一	直接工程费				4 421.76
(一)	直接费				4 075.36
1	人工费				951.22
	工 长	工时	17.5	4.91	85.93
	高级工	工时	85.2	4.56	388.51
	中级工	工时	123.2	3.87	476.78
2	材料费				2 039.40
	模板	m²	100	11.01	1 101.00
	铁件	kg	124	6.50	806.00
	预制混凝土柱	m³	0.3	350.00	105.00
	电焊条	kg	2.0	4.50	9.00
	其他材料费	%	2	920.00	18.40
3	机械使用费				1 084.74
	汽车起重机 5 t	台时	14.6	69.43	1 013.68
	电焊机 25 kVA	台时	2.06	9.42	19.41
	其他机械费	%	5	1 033.09	51.65
(二)	其他直接费	%	2.5	4 075.36	101.88

序号	名称及规格	单位	数量	单价（元）	合价（元）
（三）	现场经费	%	6	4 075.36	244.52
二	间接费	%	6	4 421.76	265.31
三	企业利润	%	7	4 687.07	328.09
四	税金	%	3.22	5 015.16	161.49
五	单价合计				5 176.55

3.7 基础处理工程单价编制

基础处理工程包括钻孔灌浆、混凝土防渗墙、灌注桩、锚杆支护、预应力锚索、喷混凝土等。其目的大体可归纳为以下几个方面：

（1）提高地基承载力，改善其变形特性及抗渗性能。

（2）改善地基的剪切特性，防止剪切破坏，减少剪切变形。

（3）改善地基的压缩性能，减少不均匀沉降。

（4）减少地基的透水性，降低扬压力和地下水位，提高地基的稳定性。

（5）改善地基的动力特性，防止液化。

（6）在地基中设置人工基础构筑物，使其与地基共同承受各种荷载。

3.7.1 钻孔灌浆工程单价

灌浆就是利用灌浆机施加一定的压力，将浆液通过预先设置的钻孔或灌浆管，灌入岩石、土或建筑物中，使其胶结成坚固、密实而不透水的整体。

3.7.1.1 灌浆的分类

1.按灌浆材料分

主要有水泥灌浆、水泥黏土灌浆、黏土灌浆、沥青灌浆和化学灌浆等。

2.按灌浆作用分

（1）帷幕灌浆。为在坝基形成一道阻水帷幕以防止坝基及绕坝渗漏，降低坝底扬压力而进行的深孔灌浆。

（2）固结灌浆。为提高地基整体性、均匀性和承载能力而进行的灌浆。

（3）接触灌浆。为加强坝体混凝土和基岩接触面的结合能力，使其有效传递应力，提高坝体的抗滑稳定性而进行的灌浆。接触灌浆多在坝体下部混凝土固化收缩基本稳定后进行。

（4）接缝灌浆。大体积混凝土由于施工需要而形成了许多施工缝，为了恢复建筑物的整体性，利用预埋的灌浆系统，对这些缝进行的灌浆。

（5）回填灌浆。为使隧道顶拱岩面与衬砌的混凝土面，或压力钢管与底部混凝土接触面结合密实而进行的灌浆。

3.7.1.2 灌浆的施工工艺

工艺流程一般为:施工准备→钻孔→冲洗→表面处理→压水试验→灌浆→封孔→质量检查。

(1)施工准备。包括场地清理、劳动组合、材料准备、孔位放样、电风水布置、机具设备就位、检查等。

(2)钻孔。采用手风钻、回转式钻机和冲击钻等钻孔机械进行。

(3)冲洗。用水将残存在孔内的岩粉和铁砂末冲出孔外,并将裂隙中的充填物冲洗干净,以保证灌浆效果。

(4)表面处理。为防止有压情况下浆液沿裂隙冒出地面而采取的塞缝、浇盖面混凝土等措施。

(5)压水试验。其目的是确定地层的渗透特性,为岩基处理设计和施工提供依据。压水试验是在一定压力下将水压入孔壁四周缝隙,根据压入流量和压力,计算出代表岩层渗透特性的技术参数。

(6)灌浆。按灌浆时浆液灌注和流动的特点,可分为纯压式和循环式两种灌浆方式。按照灌浆顺序,灌浆方法有一次灌浆法和分段灌浆法。后者又可分为自上而下分段、自下而上分段及综合灌浆法。

(7)封孔。人工或机械(灌浆及送浆)用砂浆封填孔口。

(8)质量检查。质量检查的方法较多,最常用的是打检查孔检查,取岩芯、做压水试验,检查透水率是否符合设计和规范要求。检查孔的数量,一般帷幕灌浆为灌浆孔的10%,固结灌浆为5%。

3.7.1.3 定额的选用

1.计量单位

定额中帷幕、固结灌浆工程量,按设计灌浆长度(m)计算;回填、接缝灌浆工程量,按设计灌浆面积(m^2)计算。定额中钻孔与灌浆分列,工程量分别以钻孔长度与面积计算。

2.定额内容

概算定额已综合考虑了不同类型的钻孔,如基本孔、检查孔、先导孔和试验孔,同时,钻检查孔、压水试验等工作内容已按灌浆计入了定额,编制概算单价时,不需要再单独计算此项费用。

预算定额一般没有综合考虑上述内容,计算钻孔工作量时应分别列项计算检查孔、试验孔和先导孔的钻孔量。计算灌浆工作量时,除设计灌浆总长度外,还应考虑检查孔补灌浆长度。此外,检查孔压水试验工程量,应单独列项编制其单价。

在钻孔、灌浆各节定额子目下面有很多"注",选用定额时应认真阅读。另外,有些工程只需要计算钻孔工程量(如排水孔和观测孔等),有些工程只需要计算灌浆工程量(如回填灌浆、接缝灌浆等),有些工程则需要分别计算钻孔和灌浆工程量,根据钻灌比编制钻孔灌浆综合单价。

3.7.1.4 使用定额时应注意的事项

(1)钻机钻孔时,若终孔孔径大于91 mm或孔深超过70 m,改用300型钻机。

（2）在廊道内施工时，人工、机械定额乘以表 3-32 所列系数。

表 3-32 人工、机械数量调整系数表

廊道高度（m）	0~2.0	2.0~3.5	3.5~5.0	>5.0
系 数	1.19	1.10	1.07	1.05

（3）地质钻孔钻灌不同角度的灌浆孔或观测孔、试验孔时，人工、机械、合金片、钻头和岩芯管定额乘以表 3-33 所列系数。

表 3-33 人工、机械等调整系数表

钻孔与水平夹角	0°~60°	60°~75°	75°~85°	85°~90°
系 数	1.19	1.05	1.02	1.00

（4）在有架子的平台上钻孔，平台到地面孔口高差超过 2.0 m 时，钻机和人工定额乘以系数 1.05。

（5）灌浆压力划分标准：高压 >3 MPa；中压 1.5~3 MPa；低压 <1.5 MPa。

（6）灌浆定额中水泥强度等级的选择应符合设计要求，设计未明确的，可按以下标准选择：回填灌浆 32.5、帷幕与固结灌浆 32.5、接缝灌浆 42.5、劈裂灌浆 32.5、高喷灌浆 32.5。

（7）岩石或地层的渗透特性用透水率表示，单位为吕容（Lu），定义为：压水压力为 1 MPa，每米试验长度每分钟注入水量 1 L 时，称为 1 Lu。透水性（定额以透水率值高低反映）是灌浆工序的主要影响因素。透水率越大的地层，吸浆量越大。

3.7.2 混凝土防渗墙工程单价

防渗墙按材料可分为水泥黏土防渗墙、素混凝土防渗墙、钢筋混凝土防渗墙、自凝灰浆和固化灰浆等。按成孔工艺不同分冲击钻孔、回旋钻孔、合瓣式抓斗机配泥浆护壁和高压射水成槽法施工；按结构类型分为桩柱型、槽板型、板桩浇筑型。

3.7.2.1 防渗墙一般工艺

防渗墙工艺涉及施工平台、混凝土系统、泥浆系统、风水电系统、仓库等之间的协调。防渗墙主要工艺流程如下：

施工准备→造孔（或成槽）→泥浆护壁→槽孔检查及验收→混凝土浇筑或墙体填筑（对钢筋混凝土防渗墙还含钢筋笼）→墙段连接→成墙质量检查。

3.7.2.2 使用定额时应注意的事项

（1）混凝土防渗墙在定额中称为地下连续墙，分为造孔定额和水下浇筑混凝土定额两部分。造孔按地层划分子目，混凝土浇筑按墙厚或浇筑量划分子目。

（2）概算定额中造孔和混凝土浇筑的定额计量单位均为单位阻水面积（m²）。预算定额中成槽单位为折算米，混凝土浇筑单位还是单位阻水面积（m²），折算米与工程实践中的主副孔的进尺完全不同。定额中，浇筑混凝土按水下混凝土消耗列示。定额中，钢材主要是钻头、钢导管的摊销，钢板卷制导管的制作用电焊机台班和焊条消耗定额已综合考虑。混凝土浇筑以浇筑量（m³）为单位。预算定额造孔（折算米）可按下式计算：

$$折算米 = 槽长(m) × 平均槽深(m) ÷ 槽底厚度(m) \tag{3-18}$$

（3）预算定额的浇筑混凝土工程量中未包括施工附加量及超填量,计算施工附加量时应考虑接头和墙顶增加量,计算超填量时应考虑扩孔的增加量。具体计算方法可参考混凝土防渗墙浇筑定额下面的"注"。概算定额的浇筑混凝土工程量中已包含了上述内容。

（4）概算定额中增加钻凿混凝土工程量所需的人工、材料和机械消耗已包含在定额中。预算定额中混凝土防渗墙墙体连接如采用钻凿法,须增加钻凿混凝土的工程量,按下式计算：

$$钻凿混凝土(m) = (墙段个数 - 1) × 平均墙深(m) \tag{3-19}$$

地下连续墙成槽定额根据冲击钻、冲击反循环钻机、液压开槽机和射水成槽机成槽法等不同的施工方法,按不同墙厚、地层分类。液压开槽机和射水成槽机成槽法与成槽的深度有关。施工时护壁泥浆性能指标的选择以主要地层为准。对于次要地层或特殊地层,一般在钻进过程中采用其他措施。在编制概（估）算时,只须考虑主要地层情况,次要地层的因素定额已综合考虑。编制概预算时,如试验时材料用量与定额出入较大,可适当调整定额。混凝土防渗墙浇筑预算定额中已经包括接头和上部松动混凝土凿除、运输和操作损失。

3.7.3 桩基工程单价

桩基工程包括振冲桩、灌注桩、高压喷射灌浆等。

（1）振冲桩按不同的材质分为碎石桩、水泥碎石桩。碎石桩适用于软基处理,水泥碎石桩适用于砂砾石层。由于不同地层对孔壁的约束力不同,形成的桩径也有所不同,因而耗用的填料碎石数量也不相同。在编制单价时,可根据工程地质情况和实际需要调整碎石、砂的用量。

定额单位按单位延米计,振冲碎石桩按地层类别和孔深分子目,水泥碎石桩按不同的孔深定额耗量不同。定额内容已包括吊车移动、就位、桩径定位、现场清理、安装振冲器、接换振冲头、造孔、搅料、填料、填写记录。

（2）灌注桩在预算定额中一般分造孔和灌注混凝土两部分,按三管法施工编制。灌注桩造孔选用最常用的冲击钻造孔法,根据不同的地层、不同的桩径,按单位进尺计算。工效及材料消耗量按砂壤土、黏土、砾石、卵石、粉细砂、漂石、岩石等地层不同而区分,孔径越大消耗越多。灌注混凝土以造孔方式划分子目,以灌注量（m³）为单位。造孔定额包括的内容如下:固定孔位、准备、泥浆制备、运送、固壁、钻孔、记录、孔位转移。灌浆定额包括的内容如下:钢筋制作、焊接绑扎、吊装入孔、安装导管及漏斗,水下混凝土配料、拌和、运输、灌注、凿除混凝土桩头。

概算定额以桩径大小、地层情况划分子目,综合了造孔和浇筑混凝土整个施工过程。

（3）高压喷射灌浆定额针对应用最广泛的砂砾石层,按三重管单喷嘴施工工艺进行编制,包括钻孔和灌浆两部分,按不同类别的地层划分定额子目。定额以单位进尺为单位,按黏土、砂、砾石、卵石和漂石人工、材料、机械消耗逐渐增加。钻孔包括固定孔位、开孔、钻孔、清孔、记录、固壁泥浆制备及运送、孔位转移等。喷射灌浆包括高压台车就位、安装孔口、接路管冲洗、台车移开、回灌、质量检查。在编制概预算单价时,如围井试验资料与定额耗量出入太大,可调整定额。

【例3-7】 某水利枢纽工程需进行地基处理。已知基本资料如下:

(1)坝轴线长1 200 m,地基为砂卵石,混凝土防渗墙墙厚0.8 m,平均深度40 m,要求入岩0.5 m,施工采用钻孔成槽,槽段连接方式采用钻凿法,接头系数1.11,扩孔系数1.15。

(2)墙下帷幕灌浆,岩石级别为Ⅶ级,透水率5 Lu,孔距2.5 m,坝体预埋灌浆管。钻孔灌浆深度平均15 m,采用单排自下而上灌浆。

计算:(1)混凝土防渗墙预算工程量;

(2)帷幕灌浆工程量。

解:

(1)计算混凝土防渗墙预算工程量。

①钻孔总工程量 $= (1\,200 \times 40) \div 0.8 \times 1.11 = 66\,600\,(\text{m})$

其中:砂卵石 $= (1\,200 \times 39.5) \div 0.8 = 59\,250\,(\text{m})$

岩 石 $= (1\,200 \times 0.5) \div 0.8 = 750\,(\text{m})$

混凝土 $= (1\,200 \times 40) \div 0.8 \times 0.11 = 6\,600\,(\text{m})$

②混凝土浇筑 $= 1\,200 \times 40 \times 1.11 \times 1.15 = 61\,272\,(\text{m}^2)$

(2)计算帷幕灌浆工程量。

帷幕灌浆工程量 $= (1\,200 \div 2.5 + 1) \times 15 = 7\,215\,(\text{m})$

【例3-8】 华东地区某水库坝基岩石基础固结灌浆,采用手风钻钻孔,一次灌浆法,灌浆孔深5 m,岩石级别为Ⅷ级,试计算坝基岩石固结灌浆综合概算单价。已知基本资料如下:

(1)坝基岩石层平均单位透水率3 Lu,灌浆水泥采用32.5级普通硅酸盐水泥。

(2)人工预算单价:工长7.11元/工时,高级工6.61元/工时,中级工5.62元/工时,初级工3.04元/工时。

(3)材料预算单价:合金钻头50元/个,空心钢10元/kg,32.5级普通硅酸盐水泥300元/t,水0.5元/m³,施工用风0.15元/m³,施工用电0.6元/kWh。

(4)施工机械台时费:风钻29.60元/台时,灌浆泵(中压泥浆)31.31元/台时,灰浆搅拌机14.40元/台时,胶轮车0.90元/台时。

解:

第一步:计算钻孔单价。

(1)根据工程性质确定取费费率,其他直接费费率2.5%,现场经费费率7%,间接费费率7%,企业利润率7%,税率3.41%。

(2)根据采用的施工方法和岩石级别(Ⅷ),查水利部《水利建筑工程概算定额》,选用第7-2节70017子目,定额如表3-34所示。计算过程见表3-35,钻岩石层固结灌浆孔概算单价为15.17元/m。

表3-34 钻岩石层固结灌浆孔(风钻钻灌浆孔)

适用范围:露天作业、孔深小于8 m。

工作内容:孔位转移、接拉风管、钻孔、检查孔钻孔。

(单位:100 m)

项 目	单位	岩 石 级 别			
		V ~ Ⅷ	Ⅸ ~ Ⅹ	Ⅺ ~ Ⅻ	ⅩⅢ ~ ⅩⅨ
工 长	工时	2	3	5	7
高级工	工时				
中级工	工时	29	38	55	84
初级工	工时	54	70	101	148
合 计	工时	85	111	161	239
合金钻头	个	2.30	2.72	3.38	4.31
空心钢	kg	1.13	1.46	2.11	3.50
水	m³	7	10	15	23
其他材料费	%	14	13	11	9
风钻	台时	20.0	25.8	37.2	55.8
其他机械费	%	15	14	12	10
编 号		70017	70018	70019	70020

注:洞内作业,人工、机械乘以系数1.15。

表3-35 建筑工程单价分析

定额编号:70017 钻岩石层固结灌浆 (定额单位:100 m)

施工方法:手风钻钻孔孔深5 m。工作内容:孔位转移、接拉风管、钻孔、检查孔钻孔

序号	名称及规格	单位	数量	单价(元)	合价(元)
一	直接工程费				1 281.29
(一)	直接费				1 170.13
1	人工费				341.36
	工 长	工时	2	7.11	14.22
	中级工	工时	29	5.62	162.98
	初级工	工时	54	3.04	164.16
2	材料费				147.97
	合金钻头	个	2.30	50.00	115.00
	空心钢	kg	1.13	10.00	11.30
	水	m³	7	0.50	3.50
	其他材料费	%	14	129.80	18.17

序号	名称及规格	单位	数量	单价(元)	合价(元)
3	机械使用费				680.80
	风钻	台时	20.0	29.60	592.00
	其他机械费	%	15	592.00	88.80
(二)	其他直接费	%	2.5	1 170.13	29.25
(三)	现场经费	%	7	1 170.13	81.91
二	间接费	%	7	1 281.29	89.69
三	企业利润	%	7	1 370.98	95.97
四	税金	%	3.41	1 466.95	50.02
五	单价合计				1 516.97

第二步:计算基础固结灌浆工程单价。根据本工程灌浆岩层的平均透水率 3 Lu,查概算定额第7-5 节70046 子目,定额如表3-36 所示。计算过程见表3-37,基础固结灌浆概算单价为 100.83 元/m。

表 3-36 基础固结灌浆

工作内容:冲洗、制浆、灌浆、封孔、孔位转移,以及检查孔的压水试验、灌浆。　　　　　(单位:100 m)

项目	单位	透水率(Lu)						
		2 以下	2~4	4~6	6~8	8~10	10~20	20~50
工 长	工时	23	23	24	25	26	28	29
高级工	工时	48	48	50	51	53	56	58
中级工	工时	139	141	145	151	159	169	175
初级工	工时	240	243	251	263	277	297	308
合 计	工时	450	455	470	490	515	550	570
水泥	t	2.3	3.2	4.1	5.7	7.4	8.7	10.4
水	m³	481	528	565	610	663	715	1 005
其他材料费	%	15	15	14	14	13	13	12
灌浆泵中压泥浆	台时	92	93	96	100	105	112	116
灰浆搅拌机	台时	84	85	88	92	97	104	108
胶轮车	台时	13	17	22	31	42	47	58
其他机械费	%	5	5	5	5	5	5	5
编　号		70045	70046	70047	70048	70049	70050	70051

表 3-37　建筑工程单价分析表

定额编号:70046　　　　　　　　基础固结灌浆　　　　　　　　（定额单位:100 m）

工作内容:冲洗、制浆、灌浆、封孔、孔位转移,以及检查孔的压水试验、灌浆

序号	名称及规格	单位	数量	单价(元)	合价(元)
一	直接工程费				8 517.18
(一)	直接费				7 778.24
1	人工费				2 011.95
	工　长	工时	23	7.11	163.53
	高级工	工时	48	6.61	317.28
	中级工	工时	141	5.62	792.42
	初级工	工时	243	3.04	738.72
2	材料费				1 407.60
	水泥	t	3.2	300.00	960.00
	水	m³	528	0.50	264.00
	其他材料费	%	15	1224.00	183.60
3	机械使用费				4 358.69
	灌浆泵中压泥浆	台时	93	31.31	2 911.83
	灰浆搅拌机	台时	85	14.40	1 224.00
	胶轮车	台时	17	0.90	15.30
	其他机械费	%	5	4 151.13	207.56
(二)	其他直接费	%	2.5	7 778.24	194.46
(三)	现场经费	%	7	7 778.24	544.48
二	间接费	%	7	8 517.18	596.20
三	企业利润	%	7	9 113.38	637.94
四	税金	%	3.41	9 751.32	332.52
五	单价合计				10 083.84

第三步:计算坝基岩石基础固结灌浆综合概算单价。

坝基岩石基础固结灌浆综合概算单价包括钻孔单价和灌浆单价,即:

坝基岩石基础固结灌浆综合概算单价 = 15.17 + 100.83 = 116.00(元/m)

3.8　安装工程单价编制

设备及安装工程的投资,在水利水电工程的总投资中占有相当大的比重,有的工程设备及安装工程投资占总投资的20%,甚至高达40%。因此,认真编制好设备及安装工程概算是一项十分重要的工作。

设备及安装工程包括机电设备安装和金属结构设备安装两部分,它们分别构成工程总概算的第二部分和第三部分。机电设备安装主要指水轮机组、起重设备、辅助设备、主变压器、高压设备和电气设备等;金属结构设备安装主要指闸门、启闭机、压力钢管等。安装工程费包括设备安装费和构成工程实体的装置性材料费与装置性材料安装费。

3.8.1 安装工程定额

3.8.1.1 定额的内容

《安装工程概算定额》包括十一章及附录,具体包括水轮机安装、水轮发电机安装、大型水泵安装、进水阀安装、水力机械辅助设备安装、电器设备安装、变电站设备安装、通信设备安装、起重设备安装、闸门安装、压力钢管制作及安装。《安装工程预算定额》包括十四章及附录,其章节划分较细。

3.8.1.2 定额的表现形式

1. 实物量形式

以实物量形式表示的定额,给出了设备安装所需的人工工时、材料和机械使用量,其安装工程单价计算方法与建筑工程单价计算方法相同,在此不再赘述。此方法计算较准确,应用普遍。现行《安装工程概算定额》中的主要设备和《安装工程预算定额》的全部设备按实物量形式表示。

注意:未计价装置性材料只计税金,不计其他直接费、现场经费、间接费和利润。

2. 安装费率形式

安装费率是指安装费占设备原价的百分率。以安装费率形式表示的定额,给出了人工费、材料费、机械使用费和装置性材料费占设备原价的百分比。定额中人工费安装费率以北京地区为基准给出,在编制安装工程单价时,须根据编制地区的不同进行调整。材料费(含装置性材料费)和机械使用费均不作调整。

3.8.2 安装工程单价

安装工程单价由直接工程费、间接费、企业利润和税金组成,其编制方法有实物量法和安装费率法。

3.8.2.1 实物量法

安装工程实物量形式定额与建筑工程定额相似,安装工程单价编制方法也基本相同,只是单价的费用项目组成稍有不同。安装工程中的材料分为消耗性材料和装置性材料。消耗性材料是指在安装过程中被逐渐消耗的材料,如电焊条、氧气等。装置性材料是个专用名词,它本身属材料,但又是被安装的对象,安装后构成工程的实体。装置性材料可分为主要装置性材料,如轨道、管路、电缆、母线、滑触线等;其余的即为次要装置性材料,如轨道的垫板、螺栓、电缆支架、母线金具等。主要装置性材料设备安装概算定额一般作为未计价材料,应按设计提供的规格数量和材料实际预算价格计算,其材料用量应计入表3-38所列装置性材料操作损耗部分。

表 3-38　装置性材料操作损耗率表

材料名称	操作损耗率(%)
钢板(齐边)　压力钢管　直管	5
压力钢管　弯管、叉管、渐变管	15
钢板(毛边)　压力钢管	17
镀锌钢板　通风管	10
型钢	5
管材及管件	3
电力电缆	1
控制电缆	1.5
硬母线　铜、铝、钢质的带形、管形及槽形母线	2.3
裸软导线　铜、铝、钢及钢芯铝线	1.3
压接式线夹	2
金具	1
绝缘子	2
塑料制品	5

3.8.2.2　安装费率法

用安装费率法计算安装费单价时,定额人工费安装费率需要调整。人工费调整就是将定额人工费乘以人工费调整系数,调整系数应根据定额主管部门当年发布的北京地区人工预算单价,与该工程所在地人工预算单价进行对比,测算其比例系数,据以调整人工费率指标。

$$人工费安装费率 = 工程所在地人工预算单价 \div 北京地区人工预算单价 \quad (3-20)$$

安装工程单价计算结果也为费率形式,以此安装工程单价费率乘以被安装的设备原价即得该设备的安装费用。以安装费率形式表示的安装工程单价计算方法见表 3-39。

表 3-39　以安装费率形式表示的安装工程单价计算表

序号	费用名称	计算方法
一	直接工程费	(一) + (二) + (三)
(一)	直接费	1 + 2 + 3 + 4
1	人工费	定额人工费率(%) × 人工费调整系数 × 设备原价
2	材料费	定额材料费率(%) × 设备原价
3	机械使用费	定额机械使用费率(%) × 设备原价
4	装置性材料费	定额装置性材料费率(%) × 设备原价
(二)	其他直接费	(一) × 其他直接费费率(%)

序号	费用名称	计算方法
（三）	现场经费	(1)×现场经费费率(%)
二	间接费	(1)×间接费费率(%)
三	企业利润	（一＋二）×企业利润率(%)
四	税金	（一＋二＋三）×税率(%)
	安装工程单价	一＋二＋三＋四

3.8.3 编制安装工程单价需要注意的问题

(1)设备与材料的划分。

①制造厂成套供货范围的部件、备品备件、设备体腔内定量填充物（如透平油、变压器油、六氟化硫气体等）均作为设备。

②不论是成套供货、现场加工还是零星购置的储气罐、阀门、通用仪表、机组本体上的梯子、平台和栏杆等均作为设备，不能因供货来源不同而改变设备的性质。

③管道和阀门构成设备本体部件时，应作为设备，否则应作为材料。

④随设备供应的保护罩、网门等，凡已计入相应设备出厂价格时，应作为设备，否则应作为材料。

⑤电缆和电缆头，电缆和管道用的支吊架、母线、金具、滑触线和架、屏盘的基础型钢、钢轨、石棉板、穿墙隔板、绝缘子，一般用保护网、罩、门、梯子、平台、栏杆和蓄电池木架等均作为材料。

⑥设备喷锌费用应列入设备费。

(2)《安装工程预算定额》单列"设备工地运输"一章，是指设备自工地设备库（或堆放场）至安装现场的运输。编制设备安装预算单价时，应计入设备工地运输单价。

(3)按设备重量划分的定额子目，当所求设备的重量介于同型设备的子目之间时，可按内插法计算安装费。

(4)除有规定外，在使用安装工程定额时，对不同地区、施工企业、机械化程度和施工方法等因素，均不作调整。

【例3-9】 编制某防洪排涝站桥式起重机安装费概算单价。已知：桥机自重200 t，主钩起吊力270 t，另有平衡梁自重30 t；轨道长155 m(15.5×双10 m)，型号QU120，滑触线长155 m(15.5×三相10 m)，无辅助母线。基础单价见计算表。

解：

第一步：套用定额。查2002年部颁《水利水电设备安装工程概算定额》，桥机、轨道和滑触线分列不同子目，在计算安装费单价时应分别计算。另按章节说明，设备起吊使用平衡梁时，按桥机主钩起重能力加平衡梁重量之和选用定额子目，平衡梁不另计安装费。所以，桥机安装定额选用编号09012，轨道选用09095，滑触线选用09099（定额表略，定额数据见计算表）。

第二步:确定未计价装置性材料用量。根据定额说明及附录,QU120 型轨道和滑触线安装的未计价装置性材料及其用量见计算表中所列。

第三步:安装费单价计算。见表 3-40 ~ 表 3-42。

表 3-40 安装工程单价分析表

定额编号:09012　　　　　　　　　　桥式起重机安装　　　　　　　　(定额单位:台)

型号规格:桥式起重机自重 270 t,平衡梁重 30 t

编号	名称及规格	单位	数量	单价(元)	合价(元)
一	直接工程费				126 535
(一)	直接费				99 082
1	人工费				53 961
(1)	工　长	工时	511	7.10	3 628
(2)	高级工	工时	2 612	6.61	17 265
(3)	中级工	工时	4 537	5.62	25 498
(4)	初级工	工时	2 490	3.04	7 570
2	材料费				13 360
(1)	钢板	kg	547	3.50	1 915
(2)	型钢	kg	875	3.02	2 643
(3)	垫铁	kg	273	2.10	573
(4)	电焊条	kg	72	7.10	511
(5)	氧气	m^3	72	3.00	216
(6)	乙炔气	m^3	31	15.00	465
(7)	汽油 70#	kg	50	3.64	182
(8)	柴油	kg	109	3.25	354
(9)	油漆	kg	61	16.00	976
(10)	棉纱头	kg	88	1.50	132
(11)	木材	m^3	2.1	1 100.00	2 310
(12)	其他材料费	%	30	10 277	3 083
3	机械使用费				31 761
(1)	汽车起重机 20 t	台时	51	127.95	6 525
(2)	门式起重机 10 t	台时	105	51.53	5 411
(3)	卷扬机 5 t	台时	349	16.31	5 692
(4)	电焊机 20 ~ 30 kVA	台时	105	9.53	1 001

编号	名称及规格	单位	数量	单价(元)	合价(元)
(5)	空气压缩机 9 m³/min	台时	105	44.16	4 637
(6)	载重汽车 5 t	台时	70	52.14	3 650
(7)	其他机械费	%	18	26 916	4 845
(二)	其他直接费	%	3.20	99 082	3 171
(三)	现场经费	%	45	53 961	24 282
二	间接费	%	50	53 961	26 981
三	企业利润	%	7	153 516	10 746
四	税金	%	3.22	164 262	5 289
	安装工程单价				169 551

表 3-41　安装工程单价分析表

定额编号:09095　　　　　　　　　轨道安装　　　　　　　　(定额单位:双 10 m)

型号规格:QU120 型轨道安装

编号	名称及规格	单位	数量	单价(元)	合价(元)
一	直接工程费				4 371
(一)	直接费				3 241
1	人工费				2 279
(1)	工　长	工时	22	7.10	156
(2)	高级工	工时	87	6.61	575
(3)	中级工	工时	217	5.62	1 220
(4)	初级工	工时	108	3.04	328
2	材料费				558
(1)	钢板	kg	56.4	3.50	197
(2)	型钢	kg	48.3	3.02	146
(3)	电焊条	kg	9.7	7.10	69
(4)	乙炔气	m³	6.3	15.00	95
(5)	其他材料费	%	10	507	51
3	机械使用费				404
(1)	汽车起重机 8 t	台时	3.3	75.76	250
(2)	电焊机 20~30 kVA	台时	14.2	9.53	135
(3)	其他机械费	%	5	385	19

编号	名称及规格	单位	数量	单价(元)	合价(元)
(二)	其他直接费	%	3.20	3 241	104
(三)	现场经费	%	45	2 279	1 026
二	间接费	%	50	2 279	1 140
三	企业利润	%	7	5 511	386
四	未计价装置性材料费				14 183
	钢轨	kg	2 433	4.50	10 949
	垫板	kg	1 358	1.80	2 444
	型钢	kg	163	3.02	492
	螺栓	kg	142	2.10	298
五	税金	%	3.22	20 080	647
	安装工程单价				20 727

表 3-42 安装工程单价分析表

定额编号:09099 滑触线安装 (定额单位:三相 10 m)

型号规格:起重机自重 200 t

编号	名称及规格	单位	数量	单价(元)	合价(元)
一	直接工程费				1 218
(一)	直接费				940
1	人工费				552
(1)	工 长	工时	5	7.10	36
(2)	高级工	工时	21	6.61	139
(3)	中级工	工时	53	5.62	298
(4)	初级工	工时	26	3.04	79
2	材料费				228
(1)	型钢	kg	33.4	3.02	101
(2)	电焊条	kg	5.6	7.10	40
(3)	氧气	m³	5.6	3.00	17
(4)	乙炔气	m³	2.5	15.00	38
(5)	棉纱头	kg	1.6	1.50	2
(6)	其他材料费	%	15	198	30
3	机械使用费				160

编号	名称及规格	单位	数量	单价(元)	合价(元)
(1)	电焊机 20~30 kVA	台时	7.1	9.53	68
(2)	摇臂钻床 Φ50	台时	4.4	19.03	84
(3)	其他机械费	%	5	152	8
(二)	其他直接费	%	3.20	940	30
(三)	现场经费	%	45	552	248
二	间接费	%	50	552	276
三	企业利润	%	7	1 494	105
四	未计价装置性材料费				748
	型钢	kg	236	3.02	713
	螺栓	kg	3	2.10	6
	绝缘子 WX-01	个	13	2.25	29
五	税金	%	3.22	2 347	76
	安装工程单价				2 423

习 题

1. 华北地区某防洪堤加固工程,土堤填筑设计工程量 10 万 m³。施工组织设计为:土料场覆盖层清除(Ⅱ类土)1 万 m³,用 74 kW 推土机推运 30 m,清除单价直接费为 2.90 元/m³,土料开采用 1 m³ 挖掘机装Ⅲ类土,8 t 自卸汽车运 5 km 上堤进行土料填筑,土料压实用 74 kW 推土机推平,8~12 t 羊脚碾压实,设计干密度 1.7 kN/m³。试计算该工程土堤填筑综合概算单价。已知基本资料如下:

(1)初级工 3.04 元/工时,中级工 5.62 元/工时。

(2)柴油 5.20 元/kg,电 0.60 元/kWh。

(3)机械台时费:查水利部[2002]《水利工程施工机械台时费定额》计算。

2. 华东地区某县城排涝站工程,其中挡土墙采用 M10 浆砌块石施工,M10 砂浆的配合比为:32.5(R)水泥 305 kg,砂 1.10 m³,水 0.183 m³。所有砂石料均需外购。试计算浆砌石工程单价。已知基本资料如下:

(1)人工预算单价为:工长 4.91 元/工时,中级工 3.87 元/工时,初级工 2.11 元/工时。

(2)材料预算价格:32.5(R)普通水泥 300 元/t,块石 75 元/m³,砂 40 元/m³,施工用水 0.5 元/m³。

(3)机械台时费:砂浆搅拌机(0.4 m³)19.89 元/台时,胶轮车 0.90 元/台时。

3. 华东地区某县城排涝站工程,其导水墙采用 C25 混凝土浇筑,墙厚为 60 cm,采用人工入仓。C25 混凝土材料单价为 190 元/m³,混凝土的拌制单价为 10.00 元/m³,混凝土的运输单价为 5.00 元/m³。试编制该导水墙混凝土浇筑的概算单价。已知基本资料如下:高级工 4.56 元/工时,1.1 kW 振动器 2.02 元/台时,风水枪 33.09 元/台时。其他基本资料同习题 2。

所用定额如表 3-43 所示。

表 3-43　混凝土墙浇筑定额

适用范围:坝体内斜墙、挡土墙、导水墙等。　　　　　　　　　　　　　　　　　（单位:100 m³）

项目	单位	墙厚(cm)		
		20	30	60
工　长	工时	18.6	14.5	11.3
高级工	工时	43.3	33.9	26.4
中级工	工时	346.5	270.9	211.1
初级工	工时	210.4	164.4	128.2
合计	工时	618.8	483.7	377.0
混凝土	m³	107	107	107
水	m³	191	180	170
其他材料费	%	2	2	2
混凝土泵 30 m³/h	台时	12.73	11.03	9.56
振动器 1.1 kW	台时	54.05	54.05	43.73
风水枪	台时	13.50	13.50	10.92
其他机械费	%	13	13	13
混凝土的拌制	m³	107	107	107
混凝土的运输	m³	107	107	107
编　号		40067	40068	40069

注:本定额按混凝土泵入仓拟订,如采用人工入仓,则按表 3-44 增加人工工时并取消混凝土泵台时数。

表 3-44　人工入仓工时定额

项目	单位	墙厚(cm)		
		20	30	60
增加初级工	工时	176.9	170.1	163.2

4. 某水利枢纽工程位于华东地区,其混凝土墙采用平面木模板立模,试计算模板制作与安装综合工程单价。已知基本资料如下:

(1)人工预算单价:工长 7.11 元/工时,高级工 6.61 元/工时,中级工 5.62 元/工时,初级工 3.04 元/工时。

(2)材料预算价格:锯材 2 000.00 元/m³,铁件 6.50 元/kg,预制混凝土柱 320.00 元/m³,电焊条 7.00 元/kg,汽油 5.80 元/kg,电 0.60 元/kWh。

（3）机械台时费：查水利部［2002］《水利工程施工机械台时费定额》计算。

5．某挡水建筑物位于华东地区，其基础为土质地基，土质级别为Ⅲ级，基础防渗采用混凝土防渗墙，混凝土防渗墙设计厚度为 30 cm，孔深 13.5 m。采用液压开槽机开槽。试计算混凝土防渗墙浇筑综合单价。已知基本资料如下：

（1）人工预算单价：工长 7.11 元/工时，高级工 6.61 元/工时，中级工 5.62 元/工时，初级工 3.04 元/工时。

（2）材料预算价格：枕木 2 200.00 元/m³，钢材 6.50 元/kg，碱粉 4.50 元/kg，黏土 5.00 元/t，胶管 3.50 元/m，水 0.50 元/m³，水下混凝土 320.00 元/m³，钢导管 7.00 元/kg，橡皮板 2.80 元/kg，锯材 1 600 元/m³，汽油 5.80 元/kg，电 0.60 元/kWh。

（3）机械台时费：查水利部［2002］《水利工程施工机械台时费定额》计算。

6．安装工程单价由哪几部分费用组成？其计算方法和建筑工程单价计算方法有何区别？

第4章 施工临时工程及独立费用

本章的教学重点及教学要求:

教学重点:

(1)临时工程概算编制方法;

(2)独立费用概算编制方法。

教学要求:

(1)熟悉临时工程项目的组成;

(2)掌握临时工程概算的编制方法。

4.1 施工临时工程

4.1.1 施工临时工程概述

在水利水电基本建设工程项目的施工准备阶段和建设过程中,为保证永久建筑安装工程施工的顺利进行,按照施工进度的要求,需要修建一系列的临时工程,不论这些工程结构如何,均视为临时工程。临时工程包括施工导流工程、施工交通工程、施工场外供电工程、施工房屋建筑工程以及其他施工临时工程。其他小型临时工程以现场经费形式直接进入工程单价。

施工临时工程投资是水利水电建设项目投资的重要组成部分,一般占工程总投资的8%~17%。如丹江口水利水电工程中临时工程占总投资的16.8%,葛洲坝工程中占17%,龙羊峡工程中占14%。水利水电工程建设本身的特点,决定了临时工程规模大、项目多、投资高、各水利水电工程之间相差大。因此,对于施工临时工程,必须按永久工程的概算编制方法,认真划分施工临时工程项目,编制好各工程单价和指标。所以,按现行项目划分规定,把临时工程划分为一大部分。在编制概算时,应区别不同工程情况,根据施工组织设计确定的工程项目和工程量,分别采用工程量乘单价法、扩大单位指标法、公式法及百分率法认真编制。

4.1.2 施工临时工程项目的组成

按现行项目划分规定,施工临时工程包括施工导流工程、施工交通工程、施工场外供电工程、施工房屋建筑工程、其他施工临时工程,共五个一级项目,构成水利水电工程项目划分的第四部分。

4.1.2.1 施工导流工程

施工导流工程包括导流明渠工程、导流洞工程、土石围堰工程、混凝土围堰工程、蓄水期下游供水工程、金属结构设备及安装工程等。

4.1.2.2　施工交通工程

施工交通工程是指为保证工程建设而临时修建的公路、铁路、桥梁、码头、施工支洞、架空索道、施工通航建筑、施工过木、通航整治及转运站等工程。但不包括列入施工房屋建筑工程室外工程项目内的生活区道路和列入其他施工临时工程项目内的施工企业场内支线、路面宽 3 m 以下的施工便道和铁路移设等工程。

4.1.2.3　施工场外供电工程

施工场外供电工程是指从现有电网向施工现场供电的高压输电线路(枢纽工程:35 kV 及以上等级;引水工程及河道工程:10 kV 及以上等级)和施工变(配)电设施(场内除外)工程。

4.1.2.4　施工房屋建筑工程

施工房屋建筑工程是指工程在建设过程中建造的临时房屋,包括施工仓库,办公、生活及文化福利建筑以及所需的配套设施工程。施工仓库是指为施工而兴建的设备、材料、工器具等全部仓库建筑工程;办公、生活及文化福利建筑是指施工单位、建设单位(包括监理单位)及设计代表在工程建设期所需的办公室、宿舍、现场托儿所、学校、食堂、浴池、俱乐部、招待所、公安、消防、银行、邮电、粮食、商业网点和其他文化福利设施等房屋建筑工程。

施工房屋建筑工程不包括列入临时设施和其他大型临时工程项目内的风、水、电、通信系统,砂石料系统,混凝土搅拌系统及浇筑系统,木工、钢筋机修等辅助加工厂,混凝土预制构件厂,混凝土制冷,供热系统,施工排水等生产用房。

4.1.2.5　其他施工临时工程

其他施工临时工程是指除施工导流、施工交通、施工场外供电、施工房屋建筑、缆机平台外的施工临时工程。主要包括施工供水(大型泵房及干管)、砂石料系统、混凝土拌和浇筑系统、大型机械安装拆卸、防汛、防冰、施工排水、施工通信、施工临时支护设施(含隧洞临时钢支撑)等工程。

4.1.3　施工临时工程的编制

4.1.3.1　施工导流工程

施工导流工程的投资计算方法与主体建筑工程概算编制方法相同,按设计工程量乘工程单价进行计算。

按照施工组织设计确定施工方法及施工程序,用相应的工程定额计算工程单价,概算表格与建筑工程相同,按项目划分规定填写具体的工程项目,对项目划分中的三级项目根据需要可进行必要的再划分。

4.1.3.2　施工交通工程

施工交通工程的投资既可按工程量乘单价的方法进行计算,也可根据工程所在地的造价指标或有关实际资料,采用扩大单位指标法进行计算。在编制概算时,由于受设计深度限制,常采用单位造价指标进行编制。

4.1.3.3　施工场外供电工程

施工场外供电工程的投资按照施工组织设计确定的供电线路长度、电压等级及所需配备的变配电设施要求,采用工程所在地的造价指标或有关实际资料计算,或者根据经过主管部门批准的有关施工合同列入概算。

4.1.3.4 施工房屋建筑工程

施工房屋建筑工程投资包括施工仓库和办公、生活及文化福利建筑两部分投资。

1. 施工仓库

施工仓库的建筑面积由施工组织设计确定,单位造价指标根据当地办公、生活及文化福利建筑的相应造价水平确定。施工仓库投资计算公式为

$$施工仓库投资 = 建筑面积(m^2) \times 单位造价指标(元/m^2) \qquad (4-1)$$

2. 办公、生活及文化福利建筑

(1)水利水电枢纽工程和大型引水工程,按下列公式计算:

$$I = \frac{A \cdot U \cdot P}{N \cdot L} \cdot K_1 \cdot K_2 \cdot K_3 \qquad (4-2)$$

式中 I——办公、生活及文化福利建筑工程投资;

A——建安工作量,按工程项目划分第一至四部分建安工作量(不包括办公、生活及文化福利建筑和其他施工临时工程)之和乘以(1 + 其他施工临时工程百分率)计算;

U——人均建筑面积综合指标,按 12 ~ 15 m^2/人计算;

P——单位造价指标,按工程所在地类似永久房屋造价指标(元/m^2)计算;

N——施工年限,按施工组织设计确定的合理工期计算;

L——全员劳动生产率,按不低于 60 000 ~ 100 000 元/(人·年)计算,施工机械化程度高取大值,反之取小值;

K_1——施工高峰人数调整系数,按 1.10 计算;

K_2——室外工程系数,按 1.10 ~ 1.15 计算,地形条件差取大值,反之取小值;

K_3——单位造价指标调整系数,按不同施工年限,采用表 4-1 中的调整系数。

表 4-1 单位造价指标调整系数表

工　　期	系　　数
2 年以内	0.25
2 ~ 3 年	0.40
3 ~ 5 年	0.55
5 ~ 8 年	0.70
8 ~ 11 年	0.80

(2)河湖整治工程、灌溉工程、堤防工程、改扩建工程与加固工程等,按占第一至四部分建安工作量的百分率计算。工期在 3 年以内的,按 1.5% ~ 2.0% 计算,工期在 3 年以上的,按 1.0% ~ 1.5% 计算。

4.1.3.5 其他施工临时工程

其他施工临时工程的投资按占第一至四部分建安工作量(不包括其他施工临时工程)之和的百分率计算。

各类工程的百分率取值规定如下：

（1）枢纽工程和引水工程为 3.0% ~ 4.0%；

（2）河道治理工程为 0.5% ~ 1%。

4.2 独立费用

水利建设工程独立费用是指按照基本建设工程投资统计包括范围的规定，应在投资中支付并列入建设项目概算或单项工程综合概算内，与工程直接有关而又难以直接摊入某个单位工程的其他工程和费用。独立费用由建设管理费、生产准备费、科研勘测设计费、建设及施工场地征用费和其他五个部分组成。

4.2.1 建设管理费

建设管理费是指建设单位（含监理单位，下同）在工程项目筹建和建设期间进行管理工作所需的费用。包括项目建设管理费、工程建设监理费和联合试运转费三项内容。

4.2.1.1 项目建设管理费

项目建设管理费包括建设单位开办费和建设单位经常费两部分。

1. 建设单位开办费

建设单位开办费是指新组建的建设单位，为保证建设管理工作的正常进行而必须具备的物质条件所需购置的交通工具、办公及生活设备、检验试验设备和其他用于开办工作发生的费用。

对于新建工程，建设单位开办费按建设单位开办费标准及建设单位定员来确定。对于改建、扩建与加固工程，原则上不计建设单位开办费，但是要根据改扩建和加固工程的具体情况决定。按水利部现行规定，水利工程建设单位开办费标准见表 4-2，建设单位定员见表 4-3。

表 4-2　建设单位开办费标准

建设单位人数（人）	≤20	20 ~ 40	40 ~ 70	70 ~ 140	> 140
开办费（万元）	120	120 ~ 220	220 ~ 350	350 ~ 700	700 ~ 850

注：1. 引水工程及河道工程按总工程计算，不得分段分别计算。

2. 定员人数在两个数之间的，开办费用内插法求得。

表 4-3　建设单位定员表

工 程 类 别 及 规 模			定员人数（人）
枢纽工程	特大型工程	如南水北调工程	> 140
	综合利用水利枢纽工程	大（1）型　总库容 > 10 亿 m³	70 ~ 140
		大（2）型　总库容 1 亿 ~ 10 亿 m³	40 ~ 70
	以发电为主的枢纽工程	200 万 kW 以上	90 ~ 120
		150 万 ~ 200 万 kW	70 ~ 90
		100 万 ~ 150 万 kW	55 ~ 70

工 程 类 别 及 规 模			定员人数(人)
枢纽工程	以发电为主的枢纽工程	50 万 ~ 100 万 kW	40 ~ 55
		30 万 ~ 50 万 kW	30 ~ 40
		30 万 kW	20 ~ 30
	枢纽扩建及加固工程	大型　总库容 > 1 亿 m³	21 ~ 35
		中型　总库容 0.1 亿 ~ 1 亿 m³	14 ~ 21
引水工程及河道工程	大型引水工程	线路总长　> 300 km	84 ~ 140
		线路总长　100 ~ 300 km	56 ~ 84
		线路总长　≤ 100 km	28 ~ 56
	大型灌溉或排涝工程	灌溉或排涝面积　> 150 万亩	56 ~ 84
		灌溉或排涝面积　50 万 ~ 150 万亩	28 ~ 56
	大江大河整治及堤防加固工程	河道长度　> 300 km	42 ~ 56
		河道长度　100 ~ 300 km	28 ~ 42
		河道长度　≤ 100 km	14 ~ 28

注:1. 当大型引水、灌溉或排涝、大江大河整治及堤防加固工程包含较多的泵站、水闸、船闸时,定员可适当增加。

2. 本定员只作为计算建设单位开办费和建设单位人员经常费的依据。

3. 工程施工条件复杂者,取大值,反之取小值。

2.建设单位经常费

建设单位经常费包括建设单位人员经常费和工程管理经常费两部分。

1)建设单位人员经常费

建设单位人员经常费是指建设单位自批准之日起至完成该工程建设管理任务之日止,需要开支的经常费用。主要包括工作人员的基本工资、辅助工资、工资附加费、劳动保护费、教育经费、办公费、差旅交通费、会议费、交通车辆使用费、工具用具使用费、修理费、水电费、取暖费、技术图书资料费、固定资产折旧费、零星固定资产购置费、低值易耗品摊销费等。

建设单位人员经常费应根据建设单位定员、费用指标和经常费用计算期进行计算。

编制概算时,应根据工程所在地区和编制年的基本工资、辅助工资、工资附加费、劳动保护费以及费用标准调整"六类(北京)地区建设单位人员经常费用指标表"中的费用,作为计算建设单位人员经常费的依据。

建设单位人员经常费的计算公式为

$$建设单位人员经常费 = 费用指标(元/(人·年)) × 定员人数 \qquad (4-3)$$
$$× 经常费用计算期(年)$$

其中,建设单位人员经常费定员人数与建设单位开办费定员人数相同,见表 4-3。按水利部现行规定,枢纽、引水工程建设单位人员经常费用指标见表 4-4,河道工程建设单位人员经常费用指标见表 4-5。

经常费用计算期应根据施工组织设计确定的施工总进度和总工期确定。一般情况下,从工程筹建之日起,至工程竣工之日加6个月止,为建设单位人员经常费用计算期。其中:大型水利枢纽工程、大型引水工程、灌溉或排涝面积大于150万亩的工程筹建期为1~2年,其他工程为0.5~1年。

表4-4　六类(北京)地区建设单位人员经常费用指标表(枢纽、引水工程)

序号	项目	计算公式	金额(元/(人·年))
1	基本工资		6 420
	工人	400元/月×12月×10%	480
	干部	550元/月×12月×90%	5 940
2	辅助工资		2 446
	地区津贴	北京地区无	
	施工津贴	5.3元/天×365天×0.95	1 838
	夜餐津贴	4.5元/工日×251工日×30%	339
	节日加班津贴	6 420÷251×10×3×35%	269
3	工资附加费		4 432
	职工福利基金	1~2项之和8 866元的14%	1 241
	工会经费	1~2项之和8 866元的2%	177
	职工教育经费	1~2项之和8 866元的1.5%	133
	养老保险费	1~2项之和8 866元的20%	1 773
	医疗保险费	1~2项之和8 866元的4%	355
	工伤保险费	1~2项之和8 866元的1.5%	133
	职工失业保险基金	1~2项之和8 866元的2%	177
	住房公积金	1~2项之和8 866元的5%	443
4	劳动保护费	基本工资6 420元的12%	770
5	小计		14 068
6	其他费用	1~4项之和14 068元×180%	25 322
7	合计		39 390

注:工期短或施工条件简单的引水工程费用指标应按河道工程费用指标执行。

2)工程管理经常费

工程管理经常费是指建设单位从工程筹建到工程竣工期间所发生的各种管理费用。主要包括:在该工程建设过程中用于筹措资金、召开董事会(或股东会)、视察工程建设所发生的会议和差旅费用;建设单位为解决工程建设所涉及的技术、经济、法律等方面问题需要进行咨询所发生的费用;建设单位进行项目管理所发生的土地使用税、房产税、合同公证费、审计费、招标业务费等;施工期所需的水情、水文、泥沙、气象监测费和报汛费;工程验收费和由主管部门主持对工程设计进行审查、对安全进行鉴定等费用;在工程建设过程中,必须派驻工地的公安、消防部门的补贴费以及其他属于工程管理性质开支的费用。

根据水利部现行规定,枢纽工程及引水工程一般按建设单位开办费和建设单位人员经常费之和的35%~40%计取;改扩建与加固工程、堤防工程及疏浚工程按建设单位开办费和建设单位人员经常费之和的20%计取。

表4-5 六类(北京)地区建设单位人员经常费用指标表(河道工程)

序号	项目	计算公式	金额(元/(人·年))
1	基本工资		4 494
	工人	280元/月×12月×10%	336
	干部	385元/月×12月×90%	4 158
2	辅助工资		1 628
	地区津贴	北京地区无	
	施工津贴	3.5元/天×365天×0.95	1 214
	夜餐津贴	4.5元/工日×251工日×20%	226
	节日加班津贴	4 494÷251×10×3×35%	188
3	工资附加费		3 060
	职工福利基金	1~2项之和6 122元的14%	857
	工会经费	1~2项之和6 122元的2%	122
	职工教育经费	1~2项之和6 122元的1.5%	92
	养老保险费	1~2项之和6 122元的20%	1 224
	医疗保险费	1~2项之和6 122元的4%	245
	工伤保险费	1~2项之和6 122元的1.5%	92
	职工失业保险基金	1~2项之和6 122元的2%	122
	住房公积金	1~2项之和6 122元的5%	306
4	劳动保护费	基本工资4 494元的12%	539
5	小计		9 721
6	其他费用	1~4项之和9 721元×180%	17 498
7	合计		27 219

4.2.1.2 工程建设监理费

工程建设监理费是指在工程建设过程中聘任监理单位,对工程的进度、质量、安全和投资进行监理所发生的全部费用。包括监理单位为保证监理工作顺利开展而必须购置的交通工具、办公生活设备、检验试验设备、监理人员的基本工资、辅助工资、工资附加费、劳动保护费、教育经费、办公费、差旅交通费、工具用具使用费、修理费、会议费、技术图书资料费、固定资产折旧费、零星固定资产购置费、低值易耗品摊销费、水电费、取暖费等。

工程建设监理费按国家及省、自治区、直辖市计划(物价)部门有关规定计收。

1992年国家物价局、建设部价费字〔1992〕479号文《关于发布〈工程建设监理费有关规定〉的通知》,对建设监理取费标准作了如下规定:

(1)工程建设监理费根据委托监理业务的范围、深度和工程的性质、规模、难易程度以及工作条件等情况,按照下列方法之一计收:

①按所监理工程概(预)算的百分比计收,计收标准见表4-6。

表 4-6 工程建设监理收费标准

序号	工程概(预)算 M(万元)	设计阶段(含设计招标) 监理收费占比 A(%)	施工(含施工招标)及保修 阶段监理收费占比 B(%)
1	$M < 500$	$0.20 < A$	$2.50 < B$
2	$500 \leqslant M < 1\ 000$	$0.15 < A \leqslant 0.20$	$2.00 < B \leqslant 2.50$
3	$1\ 000 \leqslant M < 5\ 000$	$0.10 < A \leqslant 0.15$	$1.40 < B \leqslant 2.00$
4	$5\ 000 \leqslant M < 10\ 000$	$0.08 < A \leqslant 0.10$	$1.20 < B \leqslant 1.40$
5	$10\ 000 \leqslant M < 50\ 000$	$0.05 < A \leqslant 0.08$	$0.80 < B \leqslant 1.20$
6	$50\ 000 \leqslant M < 100\ 000$	$0.03 < A \leqslant 0.05$	$0.60 < B \leqslant 0.80$
7	$100\ 000 \leqslant M$	$A \leqslant 0.03$	$B \leqslant 0.60$

②按照参与监理工作的年度平均人数计算,平均每人每年 3.5 万～5 万元。

③不宜按上述两种方法计收的,由建设单位和监理单位按商定的其他方法计收。

(2)以上①、②两项规定的工程建设监理收费标准为指导性价格,具体收费标准由建设单位和监理单位在规定的幅度内协商确定。

(3)中外合资、合作、外商独资的建设工程,工程建设监理费由双方参照国际标准协商确定。

4.2.1.3 联合试运转费

联合试运转费是指水利工程中的发电机组、水泵等安装完毕后,在水利工程竣工验收前进行的整套设备带负荷联合试运转期间所需的各项费用。包括联合试运转期间所消耗的燃料、动力、材料及机械使用费、工具用具购置费、施工单位参加联合试运转人员的工资等。

按水利部现行规定,联合试运转费费用指标见表 4-7。联合试运转费计算公式如下:

(1)水电站工程:

$$联合试运转费 = 费用指标(万元/台) \times 机组台数 \qquad (4-4)$$

(2)泵站工程:

$$联合试运转费 = 费用指标(元/kW) \times 装机容量 \qquad (4-5)$$

表 4-7 联合试运转费费用指标表

类别	项目	费用指标										
水电站 工程	单机容量 (万 kW)	≤1	≤2	≤3	≤4	≤5	≤6	≤10	≤20	≤30	≤40	>40
	费用 (万元/台)	3	4	5	6	7	8	9	11	12	16	22
泵站 工程	电力泵站	25～30 元/kW										

4.2.2 生产准备费

生产准备费是指水利建设项目的生产、管理单位为准备正常的生产运行或管理所发生的费用。包括生产及管理单位提前进厂费、生产职工培训费、管理用具购置费、备品备件购置费、工器具及生产家具购置费等五项内容。

4.2.2.1 生产及管理单位提前进厂费

生产及管理单位提前进厂费是指在工程完工之前,生产及管理单位有一部分工人、技术人员和管理人员提前进厂进行生产筹备工作所需的各项费用。内容包括提前进厂人员的基本工资、辅助工资、工资附加费、劳动保护费、教育经费、办公费、差旅交通费、会议费、技术图书资料费、零星固定资产购置费、工具用具使用费、低值易耗品摊销费、修理费、水电费、取暖费以及其他属于生产筹建期间应开支的费用。

枢纽工程的生产及管理单位提前进厂费按第一至四部分建安工作量的 0.2% ~ 0.4% 计算。大(1)型工程取小值,大(2)型工程取大值。

引水和灌溉工程视工程规模参照枢纽工程计算。

改扩建与加固工程、堤防及疏浚工程原则上不计此项费用,若工程中含有新建大型泵站、船闸等建筑物,按建筑物的建安工作量参照枢纽工程费率适当计列。

4.2.2.2 生产职工培训费

生产职工培训费是指生产及管理单位为了保证投产后生产、管理工作能顺利进行,在工程竣工验收之前,需对工人、技术人员与管理人员进行培训所发生的培训费用。包括基本工资、辅助工资、工资附加费、劳动保护费、差旅交通费、实习费以及其他属于职工培训应开支的费用等。

枢纽工程的生产职工培训费按第一至四部分建安工作量的 0.3% ~ 0.5% 计算。大(1)型工程取小值,大(2)型工程取大值。

引水和灌溉工程视工程规模参照枢纽工程计算。

改扩建与加固工程、堤防及疏浚工程原则上不计此项费用,若工程中含有新建大型泵站、船闸等建筑物,按建筑物的建安工作量参照枢纽工程费率适当计列。

4.2.2.3 管理用具购置费

管理用具购置费是指为保证新建项目的正常生产和管理所必须购置的办公和生活用具等费用。包括办公室、会议室、阅览室、资料档案室、文娱室、医务室等公用设施需要配置的家具器具。

枢纽工程的管理用具购置费按第一至四部分建安工作量的 0.02% ~ 0.08% 计算。大(1)型工程取小值,大(2)型工程取大值。

引水工程及河道工程的管理用具购置费按第一至四部分建安工作量的 0.02% ~ 0.03% 计算。

4.2.2.4 备品备件购置费

备品备件购置费是指工程在投产运行初期,由于易损件损耗和可能发生的事故,而必须准备的备品备件和专用材料的购置费。不包括设备价格中配备的备品备件。

备品备件购置费按占设备费的 0.4% ~ 0.6% 计算。大(1)型工程取下限,其他工程取中、上限。

注意：

（1）设备费应包括机电设备、金属结构设备以及运杂费等全部设备费。

（2）电站、泵站中同容量、同型号机组超过 1 台时，只计算 1 台的设备费。

4.2.2.5 工器具及生产家具购置费

工器具及生产家具购置费是指按设计规定，为保证初期生产正常运行所必须购置的不属于固定资产标准的工具、器具、仪表、生产家具等的费用。不包括设备价格中已包括的专用工具。

工器具及生产家具购置费按设备费的 0.08% ~ 0.2% 计算。枢纽工程取下限，其他工程取中、上限。

4.2.3 科研勘测设计费

科研勘测设计费是指为工程建设所需的科研、勘测和设计等费用。包括工程科学研究试验费和工程勘测设计费。

4.2.3.1 工程科学研究试验费

工程科学研究试验费是指在工程建设过程中，为解决工程的技术问题，而进行必要的科学研究试验所需的费用。

工程科学研究试验费按建安工作量的百分率计算。其中，枢纽和引水工程取 0.5%，河道工程取 0.2%。

4.2.3.2 工程勘测设计费

工程勘测设计费是指工程从项目建议书开始至以后各阶段发生的勘测费、设计费。包括项目建议书、可行性研究、初步设计、招标设计和施工图设计阶段发生的勘测费、设计费和为勘测设计服务的科研试验费。

工程勘测设计费按国家计委、建设部计价格〔2002〕10 号文《关于发布〈工程勘测设计收费管理规定〉的通知》执行。

4.2.4 建设及施工场地征用费

建设及施工场地征用费是指根据设计所确定的永久、临时工程征地和管理单位用地所发生的征地补偿费及应缴纳的耕地占用税等。主要包括征用场地上的林木、作物的赔偿费，建筑物迁建和居民迁移费等。

建设及施工场地征用费的具体编制方法和计算标准参照移民和环境部分概算编制规定执行。

4.2.5 其他

4.2.5.1 定额编制管理费

定额编制管理费是指水利工程定额的测定、编制、管理、发行等所需的费用。该项费用交由定额管理机构统一安排使用。

定额编制管理费按国家及省、自治区、直辖市计划（物价）部门有关规定计收。

根据国家计委、财政部计价费〔1997〕2500号文《关于第一批降低22项收费标准的通知》,工程定额编制管理费收费标准为:对沿海城市和建安工作量大的地区,按建安工作量的0.4‰~0.8‰计算,对其他地区按建安工作量的0.4‰~1.3‰计算。

4.2.5.2　工程质量监督费

工程质量监督费是指水利水电工程质量监督管理机构为保证工程质量而进行的检测、试验、监督、检查工作等费用。

工程质量监督费按国家及省、自治区、直辖市计划(物价)部门有关规定计收。

根据国家计委收费管理司、财政部综合与改革司关于水利建设工程质量监督收费标准及有关问题的规定,工程质量监督费按建安工作量计费,大城市不超过1.5‰,中等城市不超过2‰,小城市不超过2.5‰,已实施工程监理的建设项目,不超过0.5‰~1‰。

4.2.5.3　工程保险费

工程保险费是指在工程建设期间,为使工程能在遭受火灾、水灾等自然灾害和意外事故造成损失后得到经济补偿,而对建筑、设备及安装工程保险所发生的保险费用。如需对工程进行保险,保险费用可按水利部与中国人民保险公司联合商定的费率进行计算,即内资部分按第一至四部分投资合计的4.5‰~5.0‰计算。

4.2.5.4　其他税费

其他税费是指按国家规定应缴纳的与工程建设有关的税费,应按国家有关规定计取。

习　题

1.什么叫临时工程? 临时工程包括哪几个部分?

2.临时工程各部分投资应分别采用什么方法计算?

3.什么叫独立费用? 独立费用包括哪些内容?

4.如何计算独立费用?

5.说明以下项目的区别:建筑工程中的房屋建筑工程和临时工程中的房屋建筑工程;临时设施和临时工程。

第5章　投资估算、施工图预算和施工预算

本章的教学重点及教学要求：

教学重点：

(1)投资估算与设计概算的区别；

(2)施工图预算与设计概算的区别；

(3)施工预算的编制方法。

教学要求：

(1)理解投资估算、施工图预算和施工预算的作用；

(2)掌握投资估算与设计概算的关系；

(3)掌握施工图预算与设计概算的关系；

(4)了解施工预算的编制依据和步骤，掌握施工预算的编制方法；

(5)理解施工预算和施工图预算对比的意义及方法。

5.1　投资估算

5.1.1　概述

5.1.1.1　投资估算的概念

投资估算是指在项目建议书阶段、可行性研究阶段，按照国家和主管部门规定的编制方法，依据估算指标，各项取费标准，现行的人工、材料、设备价格，以及工程具体条件编制的技术经济文件。

投资估算是可行性研究报告的重要组成部分，是建设项目进行经济评价及投资决策的依据，是基本建设前期工作的关键性环节。其准确性将直接影响国家(业主)对项目选定的决策。根据国家计委《关于控制建设工程造价的若干规定》，投资估算应对建设项目总造价起控制作用。可行性研究报告一经批准，其投资估算就成为该建设项目初步设计概算静态总投资的最高限额，不得任意突破。

5.1.1.2　投资估算的作用

由于投资决策过程可进一步划分为规划阶段、项目建议书阶段、可行性研究阶段、编制设计任务书等四个阶段，所以投资估算工作也相应分为四个阶段。不同阶段所具备的条件和掌握的资料不同，因此投资估算的准确程度不同，进而每个阶段投资估算所起的作用也不同。总的来说，投资估算是前期各个阶段工作中，作为论证拟建项目是否经济合理的重要文件。它具有下列作用：

(1)投资估算是国家决定对拟建项目是否继续进行研究的依据。

规划阶段的投资估算,是国家根据国民经济和社会发展的要求,制订区域性、行业性发展规划阶段编制的经济文件。投资估算作为一项参考的经济指标,是国家决策部门判断对拟建项目是否继续进行研究的依据之一。

(2)投资估算是国家审批项目建议书的依据。

项目建议书阶段的投资估算,是国家决策部门审批项目建议书的依据之一。项目建议书阶段的估算,作为决策过程中的一项参考性经济文件,可用来判断拟建项目在经济上是否列入经济建设的长远规划、基本建设前期工作计划。

(3)投资估算是国家批准设计任务书的重要依据。

可行性研究阶段的投资估算,是研究分析拟建项目经济效果和各级主管部门决定立项的重要依据。因此,它是决策性质的经济文件。可行性研究报告被批准后,投资估算就作为控制设计任务书下达的投资限额,对初步设计概算编制起控制作用,也可作为筹集资金和向银行贷款的依据。

(4)投资估算是国家编制中长期规划,保持合理比例和投资结构的重要依据。

拟建项目的投资估算,是编制固定资产长远投资规划和制订国民经济中长期发展计划的重要依据。根据各个拟建项目的投资估算,可以准确核算国民经济的固定资产投资需要量,确定国民经济积累的合理比例,保持适度的投资规模和合理的投资结构。

5.1.1.3 投资估算的内容和编制依据

1. 投资估算的内容

投资估算的内容包括以下几个方面。

1)编制说明

(1)工程概况。工程概况包括河系、兴建地点、对外交通条件、水库淹没耕地及移民人数、工程规模、工程效益、工程布置形式、主体建筑工程量、主要材料用量、施工总工期和工程从开工到开始发挥效益工期、施工总工日和高峰人数等。

(2)投资主要指标。投资主要指标为工程静态总投资和总投资,工程从开工至开始发挥效益的静态投资,单位千瓦静态投资和投资,单位电度静态投资和投资,年物价上涨指数,价差预备费额度和占总投资百分率,工程施工期贷款利息和利率等。

2)投资估算表

投资估算表包括:总估算表;建筑工程估算表;设备及安装工程估算表;分年度投资表。

3)投资估算附表

投资估算附表包括:建筑工程单价汇总表;安装工程单价汇总表;主要材料预算价格汇总表;次要材料预算价格汇总表;施工机械台班费汇总表;主要工程量汇总表;主要材料量汇总表;工时数量汇总表;建设及施工征地数量汇总表。

4)附件

附件包括:人工预算单价计算表;主要材料运输费用计算表;主要材料预算价格表;混凝土材料单价计算表;建筑工程单价表;安装工程单价表;资金流量计算表;主要技术经济指标表。

2. 投资估算的编制依据

投资估算编制的主要依据如下：

(1)经批准的项目建议书文件。

(2)水利部《水利水电工程可行性研究投资估算编制办法》。

(3)水利部《水利水电工程设计概(估)算费用构成及计算标准》。

(4)水利部《水利工程设计概(估)算编制规定》和《水利水电工程施工机械台班费定额》。

(5)可行性研究报告提供的工程规模、工程等级、主要工程项目的工程量等资料。

(6)投资估算指标、概算指标。

(7)建设项目中的有关资金筹措的方式、实施计划、贷款利息、对建设投资的要求等。

(8)工程所在地的人工工资标准、材料供应价格、运输条件、运费标准及地方性材料储备量等资料。

(9)当地政府有关征地、拆迁、补偿标准等文件或通知。

(10)编制可行性研究报告的委托书、合同或协议。

5.1.2 投资估算与设计概算的关系

投资估算与设计概算在组成内容、项目划分和费用构成上基本相同，由于初步设计阶段对建筑物的布置、结构型式、主要尺寸以及机电设备型号、规格等均已确定，所以设计概算不得突破投资估算。两者的不同之处具体表现在以下几个方面。

5.1.2.1 编制阶段不同

投资估算是在项目建议书和可行性研究阶段编制的；设计概算是在初步设计阶段，设计单位为确定拟建基本建设项目所需的投资额或费用而编制的。

5.1.2.2 编制依据不同

投资估算是依据估算指标和类似工程的有关资料编制的；设计概算是依据国家发布的有关法律、法规、批准的可行性研究报告及投资估算，现行概算定额或概算指标，费用定额，设计图，有关部门发布的人工、设备、材料价格指数等资料编制的。如采用概算定额编制估算单价，要考虑10%的扩大系数。

5.1.2.3 编制范围不同

投资估算是建设工程造价的预测，它考虑工程建设期间多种可能的需要、风险、价格上涨等因素，是工程投资的最高限额。设计概算包括建设项目从筹建开始至全部项目竣工和交付使用前的全部建设费用。

5.1.2.4 编制的主要作用和审批过程不同

投资估算是决策、筹资和控制造价的主要依据，它由国家或主管部门审批。设计概算是初步设计文件的组成部分，由有关主管部门审批，作为建设项目立项和正式列入年度基本建设计划的依据。

5.1.2.5 编制方法不同

水利水电工程中的主体建筑工程采用与概算相同的项目划分，并以工程量乘工程单价的方法计算其投资。在编制投资估算时，厂坝区动力线路工程、厂坝区照明线路及设施工程、通信线路工程、供水、供热、排水及绿化、环保、水情测报系统、建筑内部观测工程等很难提出具体的工程数量,按主体建筑工程投资的百分率来粗略计算;止水、伸缩缝、灌浆管、通气管、消防、栏杆、坝顶、路面、照明、爬梯、建筑装修及其他细部结构等采用综合指标来计算。

主要机电设备及安装工程基本与概算相同。其他机电设备及安装工程可根据装机规模按占主要机电设备费的百分率或单位千瓦指标计算。

5.1.2.6 留取的余地不同

由于可行性研究的设计深度较初步设计浅,对有些问题的研究还未深化,为了避免估算总投资失控,故编制估算所留的余地较概算要大。主要表现在:估算的工程量阶段系数值较设计概算要大;基本预备费率,估算采用的费率要大,现行规定:估算为 10% ~12%,概算为 5% ~8%。

5.1.3 投资估算的编制方法

投资估算按照 2002 年水利部《水利水电工程设计概(估)算编制规定》的办法编制。

5.1.3.1 建筑工程

建筑工程由主体建筑工程、交通工程、房屋建筑工程和其他建筑工程组成。

(1)主体建筑工程。包括水利枢纽、水电站、水库工程、水闸、泵站、灌溉渠系、防洪堤以及河湖疏浚工程等。其是构成总投资的重要组成部分,也是编制其他项目投资估算的基础。因此,必须做深入细致的工作,尽可能接近实际。

主体建筑工程投资的计算方法,采用主体建筑工程的工程量乘以相应的投资估算单价。估算采用的三级项目较概算粗略,一般均采用概算定额编制投资估算单价,但考虑投资估算工作的深度和精度,要乘以一个扩大系数,现行规定扩大系数为 1.10。

(2)交通工程。包括上坝、进厂、对外等场内一切永久性铁路、公路、桥涵、码头,以及对地方原有公路、桥梁等进行的改建和加固工程。

交通工程的投资按设计交通工程量乘以千米及延米指标计算。铁道工程可根据地形、地区经济状况,按每千米造价指标估算。

(3)房屋建筑工程。包括辅助生产厂房、仓库、办公室、生活及文化福利建筑和室外工程。编制方法与概算基本相同。

(4)其他建筑工程。包括动力线路、照明线路、通信线路工程,厂坝区及生活区供水、供热、排水等公用设施工程,厂坝区环境建设设施,水情自动测报系统工程等。全部合并在一起,采用占主体建筑工程投资的百分率估算其投资,一般采用 3% ~5%,也可根据本工程的具体条件和工程规模估算。

5.1.3.2 机电设备及安装工程

机电设备及安装工程由主要机电设备及安装工程和其他机电设备及安装工程两项组成,编制方法与概算基本相同。

1. 主要机电设备及安装工程

枢纽工程中,包括发电设备及安装工程、升压变电设备及安装工程、公用设备及安装工程;引水工程及河道工程中,包括泵站设备及安装工程、小水电设备及安装工程、供变电工程、公用设备及安装工程。

其中,主要设备及安装工程投资包括设备出厂价、运杂费和安装费。设备出厂价,对于定型产品,执行市场价;对于非定型产品,采用厂家报价,如不能取得厂家报价,则按设计时确定的设备重量,以单位价格指标(元/t)计算。设备运杂费按占设备出厂价的一定百分数计算。设备安装费,按安装工程量乘以设备安装费估算单价计算,设备安装费估算单价一般按设备安装费概算定额编制,并乘以1.10的扩大系数。

2. 其他机电设备及安装工程

包括除主要设备外的其他全部设备,如水力机械辅助设备、电气、通信、机修、变电站高压设备和一次拉线等工程。其投资估算可根据装机台数、电压等级、输电电线回数以及接线复杂程度,按装机总容量乘以单位千瓦指标(元/kW)估算,也可按占主要设备投资的百分率计算。

将电梯、坝区馈电、供水、供热、水文、环保、外部观测、交通等设备及安装,以及全厂保护网、全厂接地等其他工程全部合并,以占主要机电设备及安装工程投资的百分率来估算其投资。

5.1.3.3　金属结构设备及安装工程

金属结构设备及安装工程由水工建筑物各单项工程及灌溉渠道等工程中的金属结构及安装工程组成,包括闸门、启闭机、拦污栅、升船机和压力钢管等。其投资估算按各单项工程金属结构数量和每台(套)单位重量估算,与概算的计算方法基本相同。

5.1.3.4　施工临时工程

施工临时工程由导流工程、施工交通工程、施工房屋建筑工程、施工供电工程和其他施工临时工程五项组成。估算编制方法及计算标准与概算相同。

1. 导流工程

采用工程量乘以单价计算,其他难以估量的项目,可按已计算出的导流工程投资的10%增列。

2. 施工交通工程

参照主体建筑工程中交通工程的方法编制,也可按主体建筑工程的百分率估算。

3. 施工房屋建筑工程

施工房屋建筑工程包括施工仓库和办公、生活及文化福利建筑两部分。其编制办法可参照概算中施工房屋建筑工程编制办法。

4. 施工供电工程

依据设计电压等级、线路架设长度和所需配备的变配电设施要求,采用工程所在地区造价指标或有关实际资料计算。

5. 其他施工临时工程

一般可按工程项目第一至四部分建安工作量的百分率计算,枢纽工程和引水工程取3.0%～4.0%,河道工程取0.5%～1.0%。

5.1.3.5　独立费用

编制方法及计算标准基本与概算相同。

5.1.3.6　预备费、建设期融资利息、静态总投资和总投资

(1)预备费分为基本预备费和价差预备费。基本预备费以上述五项费用之和为基数

计算,可行性研究投资估算费率取 10% ~ 12% ,项目建议书阶段取 15% ~ 18% ;价差预备费根据施工年限及预测的物价指数计算,和初步设计概算相同。

(2)建设期融资利息,应根据分年度投资计划,计算复利。

(3)静态总投资和总投资的计算方法与设计概算编制相同。

5.2 施工图预算

5.2.1 概述

5.2.1.1 施工图预算的概念

施工图预算是指在施工图设计阶段,设计单位根据施工图设计文件、施工组织设计、国家颁布的预算定额及有关费用标准、工程量计算规则、基础单价、国家及地方有关规定等,编制的反映单位工程或单项工程建设费用的经济文件。施工图预算应在已批准的设计概算控制下进行编制。施工图预算又称设计预算,与施工单位编制的施工预算相区别。

5.2.1.2 施工图预算的作用

(1)施工图预算是确定单位工程项目造价的依据。

预算比主要起控制造价作用的概算更为详细和具体,因而可以起确定造价的作用。如果施工图预算超过了设计概算,应由建设单位会同设计部门报请上级主管部门核准,并对原设计概算进行修改。

(2)施工图预算是签订工程承包合同,实行投资包干和办理工程价款结算的依据。

因预算确定的投资较概算准确,故对于不进行招标投标的特殊或紧急工程项目等,常采用预算包干。按照规定程序,经过工程量增减,价差调整后的预算可作为结算依据。

(3)施工图预算是施工企业内部进行经济核算和考核工程成本的依据。

施工图预算确定的工程造价是工程项目的预算成本,其与实际成本的差额即为施工利润,是企业利润总额的主要组成部分。这就促使施工企业必须加强经济核算,提高经济管理水平,以降低成本,提高经济效益。

(4)施工图预算是进一步考核设计经济合理性的依据。

施工图预算的成果,因其更详尽和切合实际,可以进一步考核设计方案的技术先进性和经济合理程度。施工图预算也是编制固定资产的依据。

5.2.1.3 施工图预算的内容和编制依据

1.施工图预算的内容

施工图预算有单位工程预算、单项工程预算和建设项目总预算。单位工程预算是根据施工图设计文件、现行预算定额、单位估价表、费用标准以及人工、材料、机械台班(时)等预算价格资料,以一定方法,编制单位工程的施工图预算,然后汇总所有各单位工程施工图预算,成为单项工程施工图预算,再汇总所有单项工程施工图预算,便是一个建设项目建筑安装工程的总预算。

单位工程预算包括建筑工程预算、机电设备及安装工程预算、金属结构设备及安装工程预算、施工临时工程预算、独立费用预算等。建筑工程预算由枢纽工程中的挡水工程、泄洪工程、引水工程、发电厂工程、升压变电站工程、航运工程、鱼道工程、交通工程、房屋建筑工程和其他建筑工程,引水工程及河道工程中的供水、供电设施工程和其他建筑工程等组成。机电设备及安装工程预算由枢纽工程中的发电设备及安装工程、升压变电设备及安装工程、公用设备及安装工程,引水工程及河道工程中的泵站设备及安装工程、小水电设备及安装工程、供变电工程和公用设备及安装工程等组成。金属结构设备及安装工程预算主要由闸门、启闭机、拦污栅、升船机等设备及安装工程,压力钢管制作及安装工程,其他金属结构设备及安装工程等组成。施工临时工程预算由导流工程、施工交通工程、施工房屋建筑工程、施工场外供电线路工程和其他施工临时工程组成。独立费用预算由建设管理费、生产准备费、科研勘测设计费、建设及施工场地征用费和其他组成。

2. 施工图预算的编制依据

(1)施工图纸、说明书和标准图集。经审定的施工图纸、说明书和标准图集,完整地反映了工程的具体内容、各部分的具体做法、结构尺寸、技术特征以及施工方法,是编制施工图预算的重要依据。

(2)现行预算定额及编制办法。国家和水利部颁发的建筑、设备及安装工程预算定额及有关的编制办法、工程量计算规则等,是编制施工图预算、确定分项工程子目、计算工程量、计算直接工程费的主要依据。

(3)施工组织设计或施工方案。施工组织设计或施工方案中包括了编制施工图预算必不可少的有关资料,如建设地点的土质、地质情况,土石方开挖的施工方法及余土外运方式与运距,施工机械使用情况,重要或特殊机械设备的安装方案等。

(4)人工、材料、机械台班(时)预算价格及调价规定。人工、材料、机械台班(时)预算价格是预算定额的三要素,是构成直接工程费的主要因素。尤其是材料费在工程成本中占的比重大,而且在市场经济条件下,人工、材料、机械台班(时)的价格是随市场而变化的。为使预算造价尽可能接近实际,国家和地方主管部门对此都有明确的调价规定。因此,合理确定的人工、材料、机械台班(时)预算价格及其调价规定是编制施工图预算的重要依据。

(5)水利水电建筑安装工程费用定额、水利部规定的费用定额及计算程序。

(6)有关预算工作手册及工具书。预算工作手册和工具书包括了计算各种结构面积和体积的公式,钢材、木材等各种材料规格、型号及用量数据,各种单位的换算比例等,这些资料是常用的。

5.2.2 施工图预算与设计概算的关系

建设项目概预算中的设计概算和施工图预算,在编制年度基本建设计划、确定工程造价、评价设计方案、签订工程合同,建设银行据以进行拨款、贷款和竣工结算等方面有着共同的作用,都是业主对基本建设进行科学管理和监督的有效手段,在编制方法上也有相似之处。但由于两者的编制时间、依据和要求不同,它们还是有区别的,具体表现在以下几个方面。

5.2.2.1 编制范围不同

设计概算包括建设项目从筹建开始至全部项目竣工和交付使用为止的全部建设费用。

施工图预算包括建筑工程预算、设备及安装工程预算、施工临时工程预算、独立费用预算等。建设项目的设计概算除包括施工图预算的内容外,还应包括移民和环境部分的费用。

5.2.2.2 编制阶段不同

建设项目设计概算的编制,是在初步设计阶段进行的,完整地反映整个建设项目所需要的投资。施工图预算是在施工图设计完成后,由设计单位通常以单位工程为单位编制的,各单项工程单独成册,最后汇总成总预算。

5.2.2.3 编制的主要作用和审批过程不同

设计概算是初步设计文件的组成部分,由有关主管部门审批,作为建设项目立项和正式列入年度基本建设计划的依据。只有在初步设计图纸和设计概算经审批同意后,施工图设计才能开始,因此它是控制施工图设计和预算总额的依据。施工图预算先报建设单位初审,然后再送交建设银行经办行审查认定,就可作为拨付工程价款和竣工结算的依据。

5.2.2.4 编制方法不同

施工图是工程实施的蓝图,建筑物的细部结构构造、尺寸,设备及装置性材料的型号、规格都已明确,所以据此编制的施工图预算较设计概算要精细。

1. 主体工程

施工图预算与设计概算都采用工程量乘单价的方法计算投资,但深度不同。设计概算根据概算定额和初步设计工程量编制,其三级项目经综合扩大,概括性强;而施工图预算则依据预算定额和施工图设计工程量编制,其三级项目较为详细。如概算的闸、坝工程,一般只套用定额中的综合项目计算其综合单价;而施工图预算根据预算定额中按各部位划分为更详细的三级项目(如水闸工程的底板、垫层、铺盖、闸墩、胸墙等),分别计算单价。

2. 非主体工程

概算中的非主体工程以及主体中的细部结构采用综合指标(如道路以"元/km")或百分率乘二级项目工程量的方法估算投资;而预算则均要求按三级项目工程量乘工程单价的方法计算投资。

3. 造价文件的结构

概算是初步设计报告的组成部分,于初步设计阶段一次完成,概算完整地反映整个建设项目所需要的投资。由于施工图的设计工作量大,历时长,故施工图设计大多以满足施工为前提,陆续出图。因此,施工图预算通常以单项工程为单位,陆续编制,各单项工程单独成册,最后汇总成总预算。

5.3 施工预算

施工预算是指在施工阶段,施工单位根据施工图纸、施工措施及施工定额等编制的建筑安装工程在单位工程或分部分项工程上的人工、材料、施工机械台班(时)消耗数和直接费标准,是建筑安装产品及企业基层成本的计划文件。

5.3.1 施工预算的作用

施工预算的作用主要有以下几个方面:

（1）施工预算是编制施工作业计划的依据。

施工作业计划是施工企业计划管理的中心环节，也是计划管理的基础和具体化。编制施工作业计划，必须依据施工预算计算的单位工程或分部分项工程的工程量、构配件、劳力等。

（2）施工预算是施工单位向施工班组签发施工任务单和限额领料的依据。

施工任务单是把施工作业计划落实到班组的计划文件，也是记录班组完成任务情况和结算班组工人工资的凭证。施工任务单的内容可分为两部分：一部分是下达给班组的工程任务，另一部分是实际任务完成的情况记载和工资结算。

（3）施工预算是计算超额奖和计算计件工资、实行按劳分配的依据。

施工预算和建筑安装工程预算之间的差额，反映了企业个别劳动量与社会劳动量之间的差别，能体现降低工程成本计划的要求。施工预算所确定的人工、材料、机械使用量与工程量的关系是衡量工人劳动成果、计算应得报酬的依据。它把工人的劳动成果与劳动报酬联系起来，很好地体现了多劳多得的按劳分配原则。

（4）施工预算是施工企业进行经济活动分析的依据。

进行经济活动分析是企业加强经营管理，提高经济效益的有效手段。经济活动分析，主要是应用施工预算的人工、材料和机械台时数量等与实际消耗量对比，同时与施工图预算的人工、材料和机械台时数量进行对比，分析超支、节约的原因，改进操作技术和管理手段，有效地控制施工中的消耗，节约开支。

施工预算、施工图预算和竣工结算通常被称为施工企业进行施工管理的"三算"。

5.3.2　施工预算的编制依据

编制施工预算的主要依据包括施工图纸、施工定额及补充定额、施工组织设计或施工方案、有关的手册资料等。

5.3.2.1　施工图纸

施工图纸和说明书必须是经过建设单位、设计单位和施工单位会审通过的，不能采用未经会审通过的图纸，以免返工。

5.3.2.2　施工定额及补充定额

施工定额包括全国建筑安装工程统一劳动定额和各部、各地区颁发的专业施工定额。凡是已有施工定额可以查照使用的，应参照施工定额编制施工预算中的人工、材料及机械使用费。在缺乏施工定额的情况下，可按有关规定自行编制补充定额。施工定额是编制施工预算的基础，也是施工预算与施工图预算的主要差别之一。

5.3.2.3　施工组织设计或施工方案

由施工单位编制详细的施工组织设计，据以确定应采取的施工方法、进度以及所需的人工、材料和施工机械，作为编制施工预算的基础。例如土方开挖，应根据施工图设计，结合具体的工程条件，确定边坡系数、开挖采用人工还是机械、运土的工具和运输距离等。

5.3.2.4　有关的手册资料

例如，建筑材料手册，人工、材料、机械台时费用标准等。

5.3.3 施工预算的编制步骤和方法

5.3.3.1 编制步骤

编制施工预算和编制施工图预算的步骤相似。为了便于与施工图预算相比较,编制施工预算时,应尽可能与施工图预算的分部分项工程相对应。具体步骤如下:

(1)熟悉设计图纸及施工定额,了解工程现场情况及施工组织情况。

(2)计算工程实物量。

工程实物量的计算是编制施工预算的基本工作,要认真、细致、准确,不得错算、漏算、重算。凡是能够利用施工图预算的工程量,就不必再算,但工程项目、名称和单位一定要符合施工定额。工程量计算完毕,仔细核对无误后,根据施工定额的内容和要求,按工程项目的划分逐项汇总。

(3)按施工图纸内容进行分项工程计算。

套用的施工定额必须与施工图纸的内容相一致。分项工程的名称、规格、计量单位必须与施工定额所列的内容相一致,逐项计算分部分项工程所需人工、材料、机械台时数量。

(4)工料分析和汇总。

有了工程量后,按照工程的分项名称顺序,套用施工定额的单位人工、材料和机械台时数量,逐一计算出各个工程项目的人工、材料和机械台时的用工用料量,最后同类项目工料相加予以汇总,便成为一个完整的分部分项工程工料汇总表。

(5)编写编制说明。

编制说明包括的内容如下:编制依据,包括采用的图纸名称及编号,采用的施工定额,施工组织设计或施工方案;遗留项目或暂估项目的原因和存在的问题以及处理的办法等。施工预算所采用的主要表格可参考表5-1 ~ 表5-4。

表5-1 施工预算工程量汇总表

工程名称:

序号	定额	分项工程名称	单位	数量	备注

审核: 制表:

表5-2 施工预算工料分析表

工程名称:

定额编号	分部分项工程名称	单位	工程量	工料名称					
				水泥		钢材		木材	
				单位用量	合计用量	单位用量	合计用量	单位用量	合计用量

审核: 制表:

表 5-3　单位工程材料或机械汇总表

工程名称：

序号	分部工程名称	材料或机械名称	规格	单位	数量	单价(元)	复价(元)

审核：　　　　　　　　　　　　　　　　　　　　　制表：

表 5-4　施工预算表

工程名称：

序号	定额编号	分部分项工程名称	单位	数量	预算价格(元)				
					单价	合计	其中		
							人工	材料	机械

审核：　　　　　　　　　　　　　　　　　　　　　制表：

5.3.3.2　编制方法

编制施工预算的方法有实物法和实物金额法。

1. 实物法

实物法是根据施工图和说明书，按照劳动定额或施工定额规定计算工程量，汇总、分析人工和材料数量，向施工班组签发施工任务单和限额领料单，实行班组核算。与施工图预算的人工和主要材料进行对比，分析超支、节约原因，以加强企业管理。实物法的应用比较普遍。

2. 实物金额法

实物金额法是根据实物法编制的施工预算的人工和材料数量分别乘以人工和材料单价，求得直接费，或根据施工定额规定计算工程量，套用施工定额单价，计算直接费。其实物量用于向施工班组签发施工任务单和限额领料单，实行班组核算。将施工预算的直接费与施工图预算的直接费进行对比，以改进企业管理。

5.3.4　施工预算和施工图预算对比

施工预算和施工图预算对比是建筑企业加强经营管理的手段，通过对比分析，找出节约、超支的原因，研究解决措施，防止人工、材料和机械使用费的超支，避免发生计划成本亏损。

5.3.4.1　施工预算与施工图预算的区别

1. 编制阶段、单位和依据的定额不同

施工图预算是在施工图设计阶段，由设计单位依据预算定额编制的；而施工预算是在施工阶段,由施工单位依据施工定额编制的。

2. 投资额、预备费大小不同

施工图预算投资额小于设计概算,大于施工预算,基本预备费率为 3% ~ 5% 。施工预算投资额小于施工图预算,它不列预备费或按合同列部分预备费。

3. 编制精度不同

施工预算项目划分比施工图预算要细,施工图预算按施工图工程量计算,不用细部结构指标,而施工预算要用细部结构指标。

5.3.4.2 "两算"对比方法

"两算"对比有实物对比法和实物金额对比法两种方法。

1. 实物对比法

将施工预算计算的工程量套用施工定额中的人工、材料、机械台时定额,分析出人工、主要材料和机械台时数量,然后按施工图预算计算的工程量套用预算定额中的人工、材料、机械台时定额,得出人工、主要材料和机械台时数量,对两者得到的人工、主要材料和机械台时数量进行对比。

2. 实物金额对比法

将施工预算的人工、主要材料和机械台时数量分别乘以相应的基础单价,汇总成人工、材料和机械使用费,与施工图预算相应的人工、材料和机械使用费进行对比。

5.3.4.3 "两算"对比内容

"两算"对比一般只限于直接费,间接费不作对比。直接费对比内容如下:

(1)人工。一般施工预算应低于施工图预算 10% ~ 15% 。因为施工定额反映平均先进水平,预算定额反映社会平均水平,且预算定额考虑的因素比施工定额多。

(2)材料。施工预算消耗量总体上低于施工图预算。因为施工操作损耗一般低于预算定额中的材料损耗,且施工预算中扣除了节约材料措施所节约的材料用量。

(3)机械台时。预算定额的机械台时耗用量是综合考虑的;施工定额要求根据实际情况计算,即根据施工组织设计或施工方案规定的进场施工的机械种类、型号、数量、工期计算。

习　　题

1. 投资估算与设计概算有何区别?

2. 施工图预算与设计概算有何区别?

3. 简述施工预算的编制步骤和方法。

附录 工程部分一级、二级、三级项目划分

第一部分 建筑工程

序号	一级项目	二级项目	三级项目	技术经济指标
I			枢纽工程	
一	挡水工程			
1		混凝土坝(闸)工程		
			土方开挖	元/m³
			石方开挖	元/m³
			土石方回填	元/m³
			模板	元/m²
			混凝土	元/m³
			防渗墙	元/m²
			灌浆孔	元/m
			灌浆	
			排水孔	元/m
			砌石	元/m³
			钢筋	元/t
			锚杆	元/根
			锚索	元/束
			启闭机室	元/m²
			温控措施	
			细部结构工程	元/m³
2		土(石)坝工程		
			土方开挖	元/m³
			石方开挖	元/m³
			土料填筑	元/m³
			砂砾料填筑	元/m³
			斜(心)墙土料填筑	元/m³
			反滤料、过渡料填筑	元/m³
			坝体(坝趾)堆石	元/m³
			土工膜	元/m²
			沥青混凝土	元/m³

序号	一级项目	二级项目	三级项目	技术经济指标
			模板	元/m²
			混凝土	元/m³
			砌石	元/m³
			铺盖填筑	元/m³
			防渗墙	元/m²
			灌浆孔	元/m
			灌浆	
			排水孔	元/m
			钢筋	元/t
			锚索(杆)	元/束(根)
			面(趾)板止水	元/m
			细部结构工程	元/m³
二	泄洪工程			
1		溢洪道工程		
			土方开挖	元/m³
			石方开挖	元/m³
			土石方回填	元/m³
			模板	元/m²
			混凝土	元/m³
			灌浆孔	元/m
			灌浆	
			排水孔	元/m
			砌石	元/m³
			钢筋	元/t
			锚索(杆)	元/束(根)
			温控措施	
			细部结构工程	元/m³
2		泄洪洞工程		
			土方开挖	元/m³
			石方开挖	元/m³
			模板	元/m²

序号	一级项目	二级项目	三级项目	技术经济指标
			混凝土	元/m³
			灌浆孔	元/m
			灌浆	
			排水孔	元/m
			钢筋	元/t
			锚索(杆)	元/束(根)
3		冲砂洞(孔)工程		
			土方开挖	元/m³
			石方开挖	元/m³
			模板	元/m²
			混凝土	元/m³
			灌浆孔	元/m
			灌浆	
			排水孔	元/m
			钢筋	元/t
			锚索(杆)	元/束(根)
			细部结构工程	元/m³
4		放空洞工程		
三	引水工程			
1		引水明渠工程		
			土方开挖	元/m³
			石方开挖	元/m³
			模板	元/m²
			混凝土	元/m³
			钢筋	元/t
			锚索(杆)	元/束(根)
			细部结构工程	元/m³
2		进(取)水口工程		
			土方开挖	元/m³
			石方开挖	元/m³
			模板	元/m²

序号	一级项目	二级项目	三级项目	技术经济指标
			混凝土	元/m³
			钢筋	元/t
			锚索（杆）	元/束（根）
			细部结构工程	元/m³
3		引水隧洞工程		
			土方开挖	元/m³
			石方开挖	元/m³
			模板	元/m²
			混凝土	元/m³
			灌浆孔	元/m
			灌浆	
			钢筋	元/t
			锚索（杆）	元/束（根）
			细部结构工程	元/m³
4		调压井工程		
			土方开挖	元/m³
			石方开挖	元/m³
			模板	元/m²
			混凝土	元/m³
			喷浆	元/m³
			灌浆孔	元/m
			灌浆	
			钢筋	元/t
			锚索（杆）	元/束（根）
			细部结构工程	元/m³
5		高压管道工程		
			土方开挖	元/m³
			石方开挖	元/m³
			模板	元/m²
			混凝土	元/m³
			灌浆孔	元/m

序号	一级项目	二级项目	三级项目	技术经济指标
			灌浆	
			钢筋	元/t
			锚索（杆）	元/束（根）
			细部结构工程	元/m³
四	发电厂工程			
1		地面厂房工程		
			土方开挖	元/m³
			石方开挖	元/m³
			模板	元/m²
			混凝土	元/m³
			砖墙	元/m³
			砌石	元/m³
			灌浆孔	元/m
			灌浆	
			钢筋	元/t
			锚索（杆）	元/束（根）
			温控措施	
			厂房装修	元/m²
			细部结构工程	元/m³
2		地下厂房工程		
			石方开挖	元/m³
			模板	元/m²
			混凝土	元/m³
			喷浆	元/m³
			灌浆孔	元/m
			灌浆	
			排水孔	元/m
			钢筋	元/t
			锚索（杆）	元/束（根）
			温控措施	
			厂房装修	元/m²
			细部结构工程	元/m³

序号	一级项目	二级项目	三级项目	技术经济指标
3		交通洞工程		
			土方开挖	元/m³
			石方开挖	元/m³
			模板	元/m²
			混凝土	元/m³
			灌浆孔	元/m
			灌浆	
			钢筋	元/t
			锚索(杆)	元/束(根)
			细部结构工程	元/m³
4		出线洞(井)工程		
5		通风洞(井)工程		
6		尾水洞工程		
7		尾水调压井工程		
8		尾水渠工程		
			土方开挖	元/m³
			石方开挖	元/m³
			模板	元/m²
			混凝土	元/m³
			砌石	元/m³
			钢筋	元/t
			细部结构工程	元/m³
五	升压变电站工程			
1		变电站工程		
			土方开挖	元/m³
			石方开挖	元/m³
			模板	元/m²
			混凝土	元/m³
			砌石	元/m³

序号	一级项目	二级项目	三级项目	技术经济指标
			构架	元/m³(t)
			钢筋	元/t
			细部结构工程	元/m³
2		开关站工程		
			土方开挖	元/m³
			石方开挖	元/m³
			模板	元/m²
			混凝土	元/m³
			砌石	元/m³
			构架	元/m³(t)
			钢筋	元/t
			细部结构工程	元/m³
六	航运工程			
1		上游引航道工程		
			土方开挖	元/m³
			石方开挖	元/m³
			模板	元/m²
			混凝土	元/m³
			砌石	元/m³
			钢筋	元/t
			锚索(杆)	元/束(根)
			细部结构工程	元/m³
2		船闸(升船机)工程		
			土方开挖	元/m³
			石方开挖	元/m³
			模板	元/m²
			混凝土	元/m³
			灌浆孔	元/m
			灌浆	
			防渗墙	元/m²
			钢筋	元/t
			锚索(杆)	元/束(根)

序号	一级项目	二级项目	三级项目	技术经济指标
			控制室	元/m²
			温控措施	
			细部结构工程	元/m³
3		下游引航道工程		
			土方开挖	元/m³
			石方开挖	元/m³
			模板	元/m²
			混凝土	元/m³
			砌石	元/m³
			钢筋	元/t
			锚索(杆)	元/束(根)
			细部结构工程	元/m³
七	鱼道工程			
八	交通工程			
1		公路工程		
			土方开挖	元/m³
			石方开挖	元/m³
			土石方回填	元/m³
			砌石	元/m³
			路面	
2		铁路工程		元/km
3		桥梁工程		元/延米
4		码头工程		
九	房屋建筑工程			
1		辅助生产厂房		元/m²
2		仓库		元/m²
3		办公室		元/m²
4		生活及文化福利建筑		

序号	一级项目	二级项目	三级项目	技术经济指标
5		室外工程		
十	其他建筑工程			
1		内外部观测工程		
2		动力线路工程(厂坝区)		元/km
3		照明线路工程		元/km
4		通信线路工程		元/km
5		厂坝区及生活区供水、供热、排水等公用设施		
6		厂坝区环境建设工程		
7		水情自动测报系统工程		
8		其他		
Ⅱ		引水工程及河道工程		
一	渠(管)道工程 (堤防工程、疏浚工程)			
1		××-××段干渠(管)工程 (××-××段堤防工程、 ××-××段疏浚工程)		
			土方开挖(挖泥船挖)	元/m³
			石方开挖	元/m³
			土石方回填	元/m³
			土工膜	元/m²
			模板	元/m²
			混凝土	元/m³
			输水管道	元/m
			砌石	元/m³
			抛石	元/m³
			钢筋	元/t
			细部结构工程	元/m³

序号	一级项目	二级项目	三级项目	技术经济指标
2		××-××段支渠(管)工程		
二	建筑物工程			
1		泵站工程(扬水站、排灌站)		
			土方开挖	元/m³
			石方开挖	元/m³
			土石方回填	元/m³
			模板	元/m²
			混凝土	元/m³
			砌石	元/m³
			钢筋	元/t
			锚杆	元/根
			厂房建筑	元/m²
			细部结构工程	元/m³
2		水闸工程		
			土方开挖	元/m³
			石方开挖	元/m³
			土石方回填	元/m³
			模板	元/m²
			混凝土	元/m³
			防渗墙	元/m²
			灌浆孔	元/m
			灌浆	
			砌石	元/m³
			钢筋	元/t
			启闭机室	元/m²
			细部结构工程	元/m³
3		隧洞工程		
			土方开挖	元/m³
			石方开挖	元/m³
			模板	元/m²
			混凝土	元/m³
			灌浆孔	元/m

序号	一级项目	二级项目	三级项目	技术经济指标
			灌浆	
			钢筋	元/t
			锚索(杆)	元/束(根)
			细部结构工程	元/m³
4		渡槽工程		
			土方开挖	元/m³
			石方开挖	元/m³
			土石方回填	元/m³
			模板	元/m²
			混凝土	元/m³
			砌石	元/m³
			钢筋	元/t
			细部结构工程	元/m³
5		倒虹吸工程		
			土方开挖	元/m³
			石方开挖	元/m³
			土石方回填	元/m³
			模板	元/m²
			混凝土	元/m³
			砌石	元/m³
			钢筋	元/t
			细部结构工程	元/m³
6		小水电站工程		
			土方开挖	元/m³
			石方开挖	元/m³
			土石方回填	元/m³
			模板	元/m²
			混凝土	元/m³
			砌石	元/m³
			钢筋	元/t

序号	一级项目	二级项目	三级项目	技术经济指标
			锚筋	元/t
			厂房建筑	元/m²
			细部结构工程	元/m³
7		调蓄水库工程		
8		其他建筑物工程		
三	交通工程			
1		公路工程		
			土方开挖	元/m³
			石方开挖	元/m³
			土石方回填	元/m³
			砌石	元/m³
			路面	
2		铁路工程		元/km
3		桥梁工程		元/延米
4		码头工程		
四	房屋建筑工程			
1		辅助生产厂房		元/m²
2		仓库		元/m²
3		办公室		元/m²
4		生活及文化福利建筑		
5		室外工程		
五	供电设施工程			
六	其他建筑工程			
1		内外部观测工程		
2		动力线路工程(厂坝区)		元/km
3		照明线路工程		元/km
4		通信线路工程		元/km
5		厂坝区及生活区供水、供热、排水等公用设施		
6		厂坝区环境建设工程		
7		水情自动测报系统工程		
8		其他		

第二部分　机电设备及安装工程

序号	一级项目	二级项目	三级项目	技术经济指标
I		枢纽工程		
一	发电设备及安装工程			
1		水轮机设备及安装工程		
			水轮机	元/台
			调速器	元/台
			油压装置	元/台
			自动化元件	元/台
			透平油	元/t
2		发电设备及安装工程		
			发电机	元/台
			励磁装置	元/台(套)
3		主阀设备及安装工程		
			蝴蝶阀(球阀、锥形阀)	元/台
			油压装置	元/台
4		起重设备及安装工程		
			桥式起重机	元/台
			转子吊具	元/具
			平衡梁	元/副
			轨道	元/双 10 m
			滑触线	元/三相 10 m
5		水力机械辅助设备及安装工程		
			油系统	
			压气系统	
			水系统	
			水力量测系统	
			管路(管子、附件、阀门)	
6		电气设备及安装工程		
			发电电压装置	

续表

序号	一级项目	二级项目	三级项目	技术经济指标
			控制保护系统	
			直流系统	
			厂用电系统	
			电工试验	
			35 kV 及以下动力电缆	
			控制和保护电缆	
			母线	
			电缆架	
			其他	
二	升压变电设备及安装工程			
1		主变压器设备及安装工程		
			变压器	元/台
			轨道	元/双10 m
2		高压电气设备及安装工程		
			高压断路器	
			电流互感器	
			电压互感器	
			隔离开关	
			高压避雷器	
			110 kV 及以上高压电缆	
3		一次拉线及其他安装工程		
三	公用设备及安装工程			
1		通信设备及安装工程		
			卫星通信	
			光缆通信	
			微波通信	
			载波通信	
			生产调度通信	
			行政管理通信	
2		通风采暖设备及安装工程		
			通风机	
			空调机	
			管路系统	

序号	一级项目	二级项目	三级项目	技术经济指标
3		机修设备及安装工程		
			车床	
			刨床	
			钻床	
4		计算机监控系统		
5		管理自动化系统		
6		全厂接地及保护网		
7		电梯设备及安装工程		
			大坝电梯	
			厂房电梯	
8		坝区馈电设备及安装工程		
			变压器	
			配电装置	
9		厂坝区供水、排水、供热设备及安装工程		
10		水文、泥沙监测设备及安装工程		
11		水情自动测报系统设备及安装工程		
12		外部观测设备及安装工程		
13		消防设备		
14		交通设备		
Ⅱ		引水工程及河道工程		
一	泵站设备及安装工程			
1		水泵设备及安装工程		
2		电动机设备及安装工程		
3		主阀设备及安装工程		
4		起重设备及安装工程		
			桥式起重机	元/台
			平衡梁	元/副
			轨道	元/双 10 m
			滑触线	元/三相 10 m

序号	一级项目	二级项目	三级项目	技术经济指标
5		水力机械辅助设备及安装工程		
			油系统	
			压气系统	
			水系统	
			水力量测系统	
			管路(管子、附件、阀门)	
6		电气设备及安装工程		
			控制保护系统	
			盘柜	
			电缆	
			母线	
二	小水电站设备及安装工程			
三	供变电工程			
		变电站设备及安装工程		
四	公用设备及安装工程			
1		通信设备及安装工程		
			卫星通信	
			光缆通信	
			微波通信	
			载波通信	
			生产调度通信	
			行政管理通信	
2		通风采暖设备及安装工程		
			通风机	
			空调机	
			管路系统	
3		机修设备及安装工程		
			车床	
			刨床	
			钻床	

序号	一级项目	二级项目	三级项目	技术经济指标
4		计算机监控系统		
5		管理自动化系统		
6		全厂接地及保护网		
7		坝(闸、泵站)区馈电设备及安装工程	变压器 配电装置	
8		厂坝(闸、泵站)区供水、排水、供热设备及安装工程		
9		水文、泥沙监测设备及安装工程		
10		水情自动测报系统设备及安装工程		
11		外部观测设备及安装工程		
12		消防设备		
13		交通设备		

第三部分　金属结构设备及安装工程

序号	一级项目	二级项目	三级项目	技术经济指标
I		枢纽工程		
一	挡水工程			
1		闸门设备及安装工程	平板门 弧形门 埋件 闸门防腐	元/t 元/t 元/t
2		启闭设备及安装工程	卷扬式启闭机 门式启闭机 油压启闭机 轨道	元/台 元/台 元/台 元/双10 m
3		拦污设备及安装工程	拦污栅 清污机	元/t 元/t(台)

序号	一级项目	二级项目	三级项目	技术经济指标
二	泄洪工程			
1		闸门设备及安装工程		
2		启闭设备及安装工程		
3		拦污设备及安装工程		
三	引水工程			
1		闸门设备及安装工程		
2		启闭设备及安装工程		
3		拦污设备及安装工程		
4		钢管制作及安装工程		
四	发电厂工程			
1		闸门设备及安装工程		
2		启闭设备及安装工程		
五	航运工程			
1		闸门设备及安装工程		
2		启闭设备及安装工程		
3		升船机设备及安装工程		
六	鱼道工程			
Ⅱ		引水工程及河道工程		
一	泵站工程			
1		闸门设备及安装工程		
2		启闭设备及安装工程		
3		拦污设备及安装工程		
二	水闸工程			
1		闸门设备及安装工程		
2		启闭设备及安装工程		
3		拦污设备及安装工程		
三	小水电站工程			
1		闸门设备及安装工程		
2		启闭设备及安装工程		
3		拦污设备及安装工程		
4		钢管制作及安装工程		
四	调蓄水库工程			
五	其他建筑工程			

第四部分　施工临时工程

序号	一级项目	二级项目	三级项目	技术经济指标
一	导流工程			
1		导流明渠工程		
			土方开挖	元/m³
			石方开挖	元/m³
			模板	元/m²
			混凝土	元/m³
			钢筋	元/t
			锚杆	元/根
2		导流洞工程		
			土方开挖	元/m³
			石方开挖	元/m³
			模板	元/m²
			混凝土	元/m³
			灌浆	
			钢筋	元/t
			锚杆（索）	元/根（束）
3		土石围堰工程		
			土方开挖	元/m³
			石方开挖	元/m³
			堰体填筑	元/m³
			砌石	元/m³
			防渗	元/m³（m²）
			堰体拆除	元/m³
			截流	
			其他	
4		混凝土围堰工程		
			土方开挖	元/m³
			石方开挖	元/m³
			模板	元/m²
			混凝土	元/m³
			防渗	元/m³（m²）
			堰体拆除	元/m³
			其他	

序号	一级项目	二级项目	三级项目	技术经济指标
5		蓄水期下游断流补偿设施工程		
6		金属结构设备及安装工程		
二	施工交通工程			
1		公路工程		
2		铁路工程		
3		桥梁工程		
4		施工支洞工程		
5		码头工程		
6		转运站工程		
三	施工供电工程			
1		220 kV 供电线路		
2		110 kV 供电线路		
3		35 kV 供电线路		
4		10 kV 供电线路(引水及河道)		
5		变配电设施(场内除外)		
四	房屋建筑工程			
1		施工仓库		
2		办公、生活及文化福利建筑		
五	其他施工临时工程			

第五部分　独立费用

序号	一级项目	二级项目	三级项目	技术经济指标
一	建设管理费			
1		项目建设管理费	建设单位开办费 建设单位经常费	
2		工程建设监理费		
3		联合试运转费		
二	生产准备费			
1		生产及管理单位提前进厂费		
2		生产职工培训费		

序号	一级项目	二级项目	三级项目	技术经济指标
3		管理用具购置费		
4		备品备件购置费		
5		工器具及生产家具购置费		
三	科研勘测设计费			
1		工程科学研究试验费		
2		工程勘测设计费		
四	建设及施工场地征用费			
五	其他			
1		定额编制管理费		
2		工程质量监督费		
3		工程保险费		
4		其他税费		

参 考 文 献

[1] 冷爱国,何俊.城市水利工程施工组织与造价[M].郑州:黄河水利出版社,2007.

[2] 陈全会,谭兴华,等.水利水电工程定额与概预算[M].北京:中国水利水电出版社,2003.

[3] 周召梅,徐凤永,等.工程造价与招投标[M].北京:中国水利水电出版社,2007.

[4] 中国水利学会水利工程造价管理专业委员会.水利水电工程造价管理[M].北京:中国科学技术出版社,1998.

[5] 水利部.水利建筑工程概算定额[M].郑州:黄河水利出版社,2002.

[6] 水利部.水利建筑工程预算定额[M].郑州:黄河水利出版社,2002.

[7] 水利部.水利水电设备安装工程预算定额[M].郑州:黄河水利出版社,2002.

[8] 水利部.水利水电设备安装工程概算定额[M].郑州:黄河水利出版社,2002.

[9] 水利部.水利工程施工机械台时费定额[M].郑州:黄河水利出版社,2002.

[10] 水利部.水利工程设计概(估)算编制规定[M].郑州:黄河水利出版社,2002.

[11] 中国水利学会水利工程造价管理专业委员会.水利工程造价(上、下册)[M].北京:中国计划出版社,2002.

[12] 水利部,国家电力公司,国家工商行政管理局.水利水电工程施工合同和招标文件示范文本(上、下册)[M].北京:中国水利水电出版社,中国电力出版社,2000.

[13] 徐学东,姬宝霖,等.水利水电工程定额与概预算[M].北京:中国水利水电出版社,2005.

[14] 水利部建设与管理司.水利工程建设项目招标投标文件汇编[M].北京:中国水利水电出版社,2005.